青少年机器人 STEAM 创客系列教程

Arduino 机器人制作、编程与竞赛（初级）

秦志强　编著

电子工业出版社·

Publishing House of Electronics Industry

北京·BEIJING

内 容 简 介

本书以蓝牙遥控表情显示机器人和蓝牙遥控灭火机器人的设计和制作作为主线，采用螺旋式上升的项目设计，结合各种显示模块的应用和软件编程，循序渐进地讲解每个模块所需的专业知识和编程技术，让读者更深入地理解这些知识和技术，并且应用到产品制作和竞赛机器人项目中。

本书第1章介绍基于Arduino的QTSTEAM控制器和编程入门，第2章介绍机器人的配件和组装方式，第3章介绍多个LED灯的点亮与控制和串口通信，第4章讲解伺服电机和机器人运动控制，第5章介绍蓝牙遥控机器人的制作，第6章介绍利用8×8点阵屏制作出机器人的表情，第7章介绍彩色LED灯与奇幻机器人的制作，第8章介绍遥控机器人灭火竞赛项目，第9章介绍利用数码管显示机器人状态信息的制作，第10章介绍如何制作带智能菜单的机器人。

本书适合小学五年级及以上的学生和任何想自主学习Arduino机器人制作的成年人，也可以作为机器人软件编程入门或者工程实践课的教学用书。

图书在版编目（CIP）数据

Arduino 机器人制作、编程与竞赛：初级 / 秦志强编著 . —北京：电子工业出版社，2018.3
ISBN 978-7-121-33685-0

Ⅰ．① A… Ⅱ．①秦…　Ⅲ．①智能机器人－制作－青少年读物　②智能机器人－程序设计－青少年读物
Ⅳ．① TP242.6-49

中国版本图书馆 CIP 数据核字（2018）第 029506 号

策划编辑：王昭松
责任编辑：王昭松
印　　刷：涿州市般润文化传播有限公司
装　　订：涿州市般润文化传播有限公司
出版发行：电子工业出版社
　　　　　北京市海淀区万寿路 173 信箱　邮编：100036
开　　本：880×1 230　1/24　印张：7　字数：141 千字
版　　次：2018 年 3 月第 1 版
印　　次：2022 年 4 月第 6 次印刷
定　　价：40.00 元

前言 | **PREFACE**

　　随着科学技术的不断进步，我们的社会已经进入人工智能时代。人工智能就是可以通过计算机编程实现的智能。人的智能一旦变成了人工智能，也就是计算机智能，就可以代替人类更好地完成相应的智能工作，甚至超过相应的人类智能，比如下象棋和下围棋，因为计算机不会像人一样出现疲劳和错误！这就是 AlphaGo 一旦打败人类的围棋世界冠军，人类的围棋世界冠军就再也打不赢计算机的原因。

　　那么，哪些智能是可以通过计算机编程实现的呢？这就需要我们了解人类智能的基本形式和层次。人类的智能可以归结为三个层次：首先最基本的智能是理解事实；其次是理解规则和执行规则；最高层次则是人类所独有的智能，即创造新的事实和新的规则。

　　能够明确描述的事实和规则都是计算机可以实现的智能。我们学习人工智能，首先要学习如何从要解决的问题中提炼出基本的事实和规则，然后根据这些基本的事实和规则去解决问题，也就是根据事实和规则进行推理。所以，学习人工智能的第一步，就是能够提炼出基本的事实和规则，以及解决问题的规则序列，即程序。然后将这些规则序列和程序翻译成计算机程序，即编程。人类在给计算机编程之前，必须先给自己编程。人人都会编程，而且人人都要学会编程。

这套青少年机器人 STEAM 创客系列教程从《初识人工智能》开始，分为十本，内容循序渐进，层层深入。每本教程都力求浅显易懂、可操作性强，富有趣味性和吸引力。

❶《初识人工智能》适合小学一年级及以上的学生，通过遥控机器人和循线机器人的制作，让同学们了解沟通、遵守规则是人类的基本智能，而且人类掌握的规则越多，就越聪明，越博学。同学们既要做一个遵守规则的合法公民，也要知道在什么时候该突破规则、定义新规则，成为具有创新和创造能力的人。

❷《人工智能之图形编程》适合小学二年级及以上的学生。当同学们了解和掌握了事实和规则的描述方式之后，就可以开始学习采用 Mixly 图形编程工具来将一些基本的规则翻译成图形程序。通过与具体的模块化机器人配合，进一步了解人工智能的规则定义和图形编程方法。

❸《人工智能之 Mixly 趣味编程》适合小学三年级及以上的学生。同学们在这本书里将学习到更多的传感器和人工智能程序的编程方法。从这本书开始，同学们将使用一种新的积木——金属积木来构建机器人。这种机器人更加接近于日常生活中有实际用途的机器人，同时也涵盖了更多的有实用价值的人工智能程序。

❹《人工智能之 Scratch 编程》也是适合小学三年级及以上的学生。这本书以 S4A 拓展模块为基础，引导同学们学习和了解如何制作各种可以人机互动的游戏或者动漫。学习这本书的同学应具有基本的 Scratch 编程能力。

❺《基础机器人制作和编程》适合小学四年级及以上的学生。从这本书开始，同学们就要过渡到真正的计算机语言编程——BASIC。BASIC 是世界上第一种高级计算机语言，目前仍旧在欧美等发达国家的中小学采用，因为 BASIC 语言最接近于英语，而且无

须了解复杂的计算机结构，可以让我们专心于程序的逻辑问题。这本书里还会首次引入电子元器件，让同学们了解电路是如何与我们的计算机协同工作的。

❻《Arduino 机器人制作、编程与竞赛（初级）》适合小学五年级及以上的学生。Arduino 编程就是 C 语言编程，只是简化了复杂的头文件和库结构的引用。这本书将以计算机显示技术为项目主线，通过控制 1 个 LED 灯的亮和灭、3 个 LED 灯的亮和灭、8 个 LED 灯的亮和灭、64 个 LED 灯的亮和灭等，带领同学们学习和掌握计算机显示的方法、原理和技术，然后通过编程实现电机控制和蓝牙遥控等，最后制作出一个具有蓝牙遥控功能的表情显示机器人和遥控灭火机器人，寓教于乐！

❼《Arduino 机器人制作、编程与竞赛（中级）》适合小学六年级及以上且学过初级教程的学生。这本书以一个红外遥控的智能玩具机器人制作和编程作为主线，引导同学们学习和掌握数字音乐、随机漫游、机器人跟随和红外遥控的通信解码技术等，以及如何完成一个完整的遥控机器人智能玩具的设计和开发流程。最后引导同学们去挑战中国教育机器人大赛的智能搬运、擂台和灭火等竞赛任务。赛学合一，以终为始。

❽ 学完 Arduino 机器人的初级和中级教程以后，就可以挑战《Arduino 竞技机器人制作和编程》了。这本书以未来机器人大师赛为目标，需要同学们应用所学知识和技能设计自己的战斗机器人去与对手对抗。不仅是一对一的对抗，而是团队的对抗，这样就要求同学们要学会团队协作和配合。这本书会提供几种标准的机器人制作和编程方法，但是更希望同学们能够发挥自己的创意和智慧，去赢得胜利！

❾《机器人辅助 C 程序设计》和《单片机技术及应用》是面向初中二年级及以上的同学。这两本书将带领同学们进入计算机内部世界，真正了解计算机的原理和计算机操作系统的编程技术。掌握了这两本书的精髓，同学们进入大学以后就再也不用为计算机类硬件和编程类课程发愁了。你们就可以专注于自己的专业知识和技能的提升，能够自如地去应对各种未知的专业挑战了！

每本教程都以机器人制作项目贯穿始终，采用 STEAM 的理念设计学习过程，并且在学习过程中设计各种竞赛项目，充满挑战且引人入胜！每本教程都有至少一个大的竞赛项目是中国教育机器人大赛的总决赛竞赛项目。同学们有各种机会去与同行们 PK，展示自己的才华和实力！

同学们，让我们一起走进充满挑战和趣味的机器人 STEAM 世界吧。坚持不懈，持之以恒，你们都能够成长为未来的机器人大师，成为创新和创造能力超强的时代精英！

松山湖国际机器人研究院　　秦志强

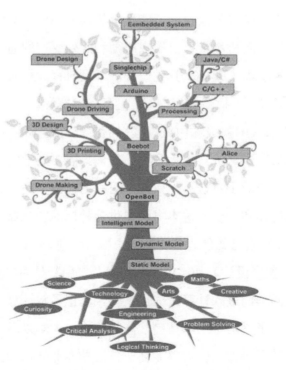

青少年机器人 STEAM 创客教育课程体系

目录 CONTENTS

第 1 章 基于 Arduino 的 QTSTEAM 控制器

1.1 Arduino 简介

Arduino 是一款使用便捷灵活、方便上手的开源电子原型平台，它包含硬件（各种型号的 Arduino 板）和软件（Arduino IDE）两部分，由一个欧洲开发团队于 2005 年冬季开发。

Arduino 设计之初的目的是希望使设计师和艺术家们能够很快地通过它学习电子和传感器方面的基础知识，并应用到他们的设计中去。设计中所要表达的想法和创意才是最主要的，至于单片机如何工作及硬件电路如何构成，设计师和艺术家们则不需要考虑。

Arduino 的出现，大大降低了互动设计的门槛，即便是没有学过电子和传感器方面知识的人也能够使用它制作出各种充满创意的作品。因此，越来越多的艺术家、设计师们开始使用 Arduino 制作互动艺术品。

QTSTEAM 控制器是基于 Arduino 开源平台的小型教学和娱乐机器人开发平台。该平台可以与各种标准的传感器接口兼容，能够快速制作和编程实现各种小型的 Arduino 机器人。如图 1.1 所示是 QTSTEAM 控制器实物图。

图 1.1 QTSTEAM 控制器实物图

1.2 QTSTEAM 控制器简介

QTSTEAM 控制器是基于 Arduino 开源平台的小型教学和娱乐机器人开发平台，也可以作为智能玩具控制器。它采用 ATmega 328P 作为控制芯片，与通用的 Arduino Uno 开发学习板相比，QTSTEAM 控制器为方便各种教娱机器人和智能玩具的开发，进行了以下特殊的设计。

❶ 设计了 11 组标准 3Pin 插针接口，可以快速连接各种标准伺服舵机和三线制传感器，如循线传感器、红外测距传感器和红外接收传感器等。

❷设计了 1 个专用的 2Pin 插针接口，用于控制小型喇叭或扬声器。

❸设计了 1 个 4Pin 插针接口，用于接四线制传感器，如超声波传感器、射频读卡器和蓝牙等。

❹设计了 1 个专门的 3 位拨码开关，既能用于设定控制器地址，又能用于多通道红外遥控器控制指定的机器人。

❺设计了大容量的稳压电源，比普通 Arduino 系列控制器高出 2 倍以上，能够控制和驱动更多的电机和传感器。

❻设计了 3 个 LED 灯，用于输出更多的指示信息。

❼设计了 1 个专用的蓝牙通信模块接口。

QTSTEAM 控制器上各标识与器件类型和 I/O 引脚的对应关系见表 1.1。

表 1.1　QTSTEAM 控制器上各标识与器件类型和 I/O 引脚的对应关系

标　　识	器 件 类 型	Arduino I/O （Digital | Analog）	ATmega 328P 引脚定义	功能/备注
D1	绿色 LED 灯	19 | 5	ADC5	
D2	红色 LED 灯	13 | -	PB5	
D3	黄色 LED 灯	8 | -	PB0	
T	4Pin 插针接口	3 | -	PD3	
E	4Pin 插针接口	4 | -	PD4	
IR	3Pin 插针接口	2 | -	PD2	
A1	3Pin 插针接口	- | 6	ADC6	
A2	3Pin 插针接口	- | 7	ADC7	

标　　识	器件类型	Arduino I/O （Digital | Analog）	ATmega 328P 引脚定义	功能/备注
IN1	3Pin 插针接口	11 | -	PB3	
IN2	3Pin 插针接口	12 | -	PB4	
OUT1	3Pin 插针接口	5 | -	PD5	
OUT2	3Pin 插针接口	6 | -	PD6	
OUT3	3Pin 插针接口	19 | -	PC5	
OUT4	3Pin 插针接口	9 | -	PB1	
OUT5	3Pin 插针接口	10 | -	PB2	
OUT6	3Pin 插针接口	8 | -	PB0	
MOTOR BLK RED	2Pin 插针接口	受控于 14 | 0 和 15 | 1	ADC0 ADC1	接直流电机 2 根控制线
SPEAKER BLK RED	2Pin 插针接口	受控于 7 | -	PD7	接 8Ω 喇叭 2 根控制线
RESET	轻触按键			复位控制器
0 0 0 1 1 1	三位拨码开关	位 1 16 | 2 位 2 17 | 3 位 3 18 | 4	ADC2 ADC3 ADC4	
D6	红色 LED 灯			电源指示灯
ON/OFF	自锁开关			电源开关
DC 6 ～ 9V	电源插入口			直流输入
DOWN PRO	USB 方口	0 | - 1 | -	PD0 PD1	串口接收 串口发送
+	电源正极			5V
−	电源负极			接地/GND

1.3 驱动安装

将数据线的方口端插到 QTSTEAM 控制器上，插入位置如图 1.1 红圈所示，再将数据线的扁口端插入计算机的一个 USB 端口。如果你的计算机使用的是 Windows 系列操作系统，则需要安装驱动设备。

打开任意一款浏览器，登录 http://www.qtsteam.com/down.php 网站，单击
"USB 串口驱动 提取码：ti58"右边的"下载"按钮，
输入提取码进入百度网盘，再直接单击"下载"按钮，
就可以将驱动程序的压缩文件存储到你的计算机上。
将压缩文件解压，生成名为"CH341SER.EXE"的
硬件串口驱动文件，如图 1.2 所示。

图 1.2　串口驱动文件

双击该文件图标，弹出如图 1.3 所示的驱动安装界面。单击"安装"按钮，驱动程序自动安装。安装成功后系统自动弹出"驱动安装成功"对话框，单击"确定"按钮，QTSTEAM 控制器硬件驱动安装完成。

图 1.3　驱动安装界面

1.4 Arduino 编程环境和编程入门

1. Arduino 编程环境获取

QTSTEAM 控制器基于 Arduino 平台开发，其编程环境直接采用 Arduino 的标准编程环境。

Arduino 编程环境软件无须安装。该软件可以从 Arduino 的网站 http://www.arduino.cc 上免费下载。在网站页面单击"Software"进入如图 1.4 所示的界面，将编程环境软件下载并解压缩后就可以直接打开使用了。

图 1.4　选择 Arduino 编程环境下载版本

在图 1.4 所示的界面中找到红色框内的选项，选择与你计算机对应的版本下载。其中，Windows Win7 and newer 选项是直接下载 Windows 7 以上操作系统下的 Arduino 编程环境可执行文件，Windows（ZIP file）选项是下载

Windows 下的 Arduino 编程环境压缩文件。前者下载后可以直接单击运行安装，后者下载后需要解压获得编程环境安装执行文件。

当前最新的 Arduino IDE 版本是 1.8.16。这里使用免解压缩的 Arduino 安装软件，成功下载后你的计算机下载文件夹里会出现 arduino-1.8.16-windows.exe 安装文件，双击运行该文件，系统会自动将 Arduino 1.8.16 集成开发环境安装到 Program Files (x86) 目录下的 Arduino 子目录里。注意：不要修改这几个目录的名字，这是系统默认目录。安装结束后，会自动生成如图 1.5 所示的编程环境可执行文件图标。双击该图标，出现如图 1.6 所示的 Arduino 编程环境。

图 1.5　Arduino 编程环境启动图标

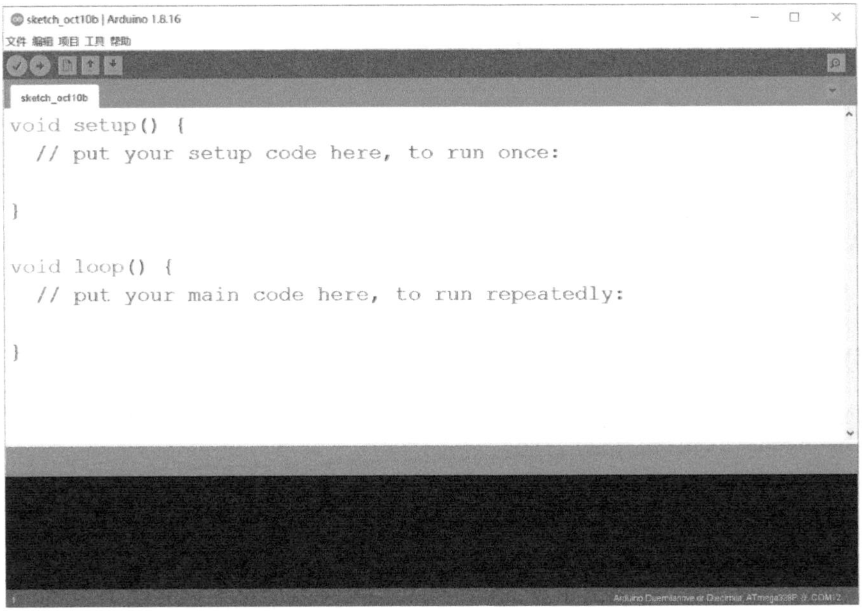

图 1.6　Arduino 编程环境

2. 编程入门

Arduino 开发环境菜单栏下方是最常用的 5 个功能按钮，这 5 个按钮的功能依次是：Verify（校验）、Upload（上传）、New（新建）、Open（打开）和 Save（保存）。

各按钮的具体功能如下：

- ：Verify（校验），用于完成程序的检查与编译。
- ：Upload（上传），用于将编译后的程序文件上传到 Arduino 控制器中。
- ：New（新建），用于新建一个程序文件。
- ：Open（打开），用于打开一个存在的程序文件，Arduino 开发环境下的程序文件其后缀名为".pde"。
- ：Save（保存），用于保存当前的程序文件。

下面通过调用 Arduino 编程环境提供的示例程序实现控制 LED 灯闪烁。QTSTEAM 控制器的 13 号引脚与一个板上 LED 指示灯连接，如图 1.7 所示。控制 13 号引脚 LED 灯闪烁的程序为 Blink 程序，直接调用运行 Blink 程序便可看到 QTSTEAM 控制器前端中间的 LED 灯闪烁。

具体的操作步骤为：依次执行"文件"→"示例"→"01.Basics"→"Blink"命令，如图 1.8 所示。Blink 的程序代码就会加载显示在 Arduino 开发环境的程序编辑区，如图 1.9 所示。

图 1.7 与 13 号引脚连接的 LED 灯的位置示意图

图 1.8 寻找并打开 Blink 程序

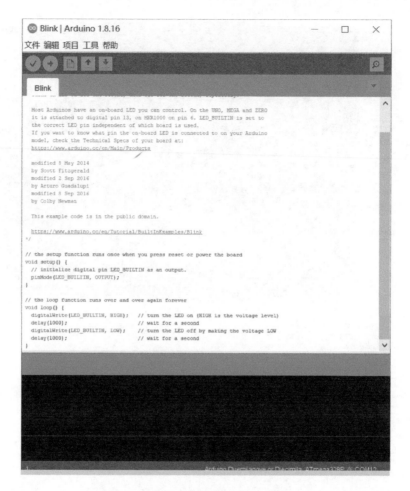

图 1.9　Blink 示例程序的程序代码

　　在程序编辑区只有两种类型的信息，一种是程序，另一种是注释。程序是写给控制器或者芯片的，而注释是写给别人和自己看的。这里我们先来讲讲注释。

　　如果学习过 BoeBot 的 BASIC 编程，是不是也是这样呢？

程序的注释就是对代码的解释和说明，其目的是让别人和自己能够很容易地看懂代码的含义，让人一看就知道这段代码是做什么用的。注释又分为行注释和块注释。在 Arduino 的开发环境中（实际上应该说在 C/C++ 语言中），行注释以符号"//"开头，直至该行结束；块注释以符号"/*"开始，直到后续的行中出现"*/"符号表示结束。

在 Blink 的代码中，最前面的一段块注释属于序言性注释，它说明了这段代码的名称是 Blink，其功能是重复地让 LED 灯亮一秒，然后灭一秒；然后说明了这个 LED 灯在不同型号的控制器上连接到了哪个引脚；最后声明了这是一段共享的代码。

```
/*
Blink
Turns an LED on for one second, then off for one second, repeatedly.

Most Arduinos have an on-board LED you can control. On the UNO, MEGA and
ZERO  it is attached to digital pin 13, on MKR1000 on pin 9. LED_BUILTIN is set to
the correct LED pin independent of which board is used.
If you want to know what pin the on-board LED is connected to on your Arduino  model,
check the Technical Specs of your board at:
https://www.arduino.cc/en/Main/Products
modified 8 May 2014
by Scott Fitzgerald
modified 2 Sep 2016
by Arturo Guadalupi
modified 8 Sep 2016
```

```
by Colby Newman
This example code is in the public domain.
https://www.arduino.cc/en/Tutorial/BuiltInExamples/Blink
*/
```

除去这段序言性注释，示例中的代码在一个窗口中就可以显示全了，如图 1.9 所示。代码中后面的注释都是行注释，这些行注释可以帮助我们理解代码中的程序。

接下来阅读行注释和后面的三行代码，如下：

```
// the setup function runs once when you press reset or power the board
void setup() {
  // initialize digital pin LED_BUILTIN as an output.
  pinMode(LED_BUILTIN, OUTPUT);
}
```

第一个行注释说明当你按下控制器上的 reset（复位）按钮或者给控制器上电时，这个 setup 函数会执行一次；第一行代码定义了一个 setup 函数，其类型为 void，后面一对圆括号"( )"表示 setup 是一个没有参数的函数，随后的花括号"{"表示函数里的内容开始；第二个行注释说明下面一行代码要初始化数字引脚 LED_BUILTIN 为输出；第二行代码调用 Arduino 的库函数 pinMode(pin,mode)，将数字引脚 LED_BUILTIN 设置为输出 OUTPUT 模式，后面的分号";"表示一行语句的结束；下一行的大括号"}"表示函数定义结束，与第一行代码后面的大括号"{"形成一对，表示中间的内容为函数体。

需要强调的是，函数体中的每一条语句都必须以分号结束，这是 C/C++

语言的规定。

再来看一下随后的主循环函数的定义和实现：

```
// the loop function runs over and over again forever
void loop() {
 digitalWrite(LED_BUILTIN, HIGH);      // turn the LED on
 delay(1000);                          // wait for a second
 digitalWrite(LED_BUILTIN, LOW);       // turn the LED off
 delay(1000);                          // wait for a second
}
```

首先，行注释说明主循环 loop 函数会一直重复执行，随后定义了类型为 void、名为 loop 的函数，后面的圆括号里即使没有参数也不能省略，这也是 C/C++ 语言的规定，以表示 loop 是一个函数。后面的花括号和最后的花括号构成一对，将中间的 4 条语句括在里面构成 loop 函数的函数体，实现了一个让连接到 LED_BUILTIN 引脚的 LED 灯不断闪烁的功能。

Arduino 程序的工作原理要比 BASIC 程序复杂得多。因为 Arduino 是一个基于 C/C++ 语言的编程系统，而 C/C++ 语言是一个非常庞大的系统，是为开发大型程序而设计的，即使是很简单的一个程序，其框架结构也很复杂。Arduino 实际上是为了简化 C/C++ 语言的开发而提供的小型嵌入式系统开发平台，它隐藏了许多复杂的 C/C++ 语言概念（如头文件等），让初学者可以专注于外围电路和逻辑软件的设计，而不必关心 C/C++ 语言的庞大系统架构和资源如何获得。

函数是 C/C++ 语言的核心概念，Arduino 程序开发也继承了这个核心概念。一个较大的 C/C++ 语言程序一般分为若干个模块，每个模块用于实现一定的功能，称之为函数（在 BASIC 语言中被称为过程）。任何一个 C/C++ 语言程序本身就是一个大的函数，该函数以 main 函数作为程序的起点，通常称之为主函数。主函数可以调用任何子函数，子函数之间也可以相互调用（但是不可以调用主函数）。Arduino 程序将 main 函数隐藏了起来，既然是每个程序都需要的，就留给 Arduino 系统来为你准备好了。

函数定义的一般格式为：

```
函数返回值的类型  函数名 ( 形式参数 1, 形式参数 2, ……)
{
// 函数体 , 用来完成函数功能的程序代码
}
```

Arduino 给主函数定义了两个框架（sketch）函数，即 setup() 函数和 loop() 函数，这两个函数由主函数调用，都无须任何参数，也没有返回值。Arduino 程序的编写就从实现这两个函数开始。setup() 函数用于控制器初始化，主要是用于设置一些引脚的输出/输入模式、初始化串口等，该函数只在控制器上电或重启时执行一次；loop() 函数用来完成程序的功能，如读入引脚状态、设置引脚状态等。

Arduino 后台系统编译执行程序时将 main 函数包含进来，main 函数自动执行 setup() 函数一次，然后重复执行 loop() 函数。

在 示 例 程 序 中，setup() 函 数 和 loop() 函 数 又 调 用 了 pinMode(led, OUTPUT)、digitalWrite(led, HIGH)、delay(1000)、digitalWrite(led, LOW) 这几个函数。所以说，一个函数是可以被其他函数调用的，这些直接被调用的函数是 Arduino 开发环境中已经定义并实现过的函数，称为标准库函数，这些库函数

要实现什么功能已经在 Arduino 提供的库中定义好了，其中，digitalWrite(led, HIGH) 和 digitalWrite(led, LOW) 这两个函数是相同的，只是参数不同而已。要正确调用库函数，必须先了解每个库函数需要哪些参数。

- pinMode(pin,mode) 函数的功能是设置引脚的工作方式，这个函数里有两个参数，第一个是所要设定的引脚编号 pin，程序中的参数值为 LED_BUILTIN，这是 Arduino 内部定义好的一个引脚的名字；第二个参数是该引脚的工作模式，有 INPUT（输入）和 OUTPUT（输出）两种选择，程序中的参数值为 OUTPUT，就是将 LED_BUILTIN 设为输出，这样我们才能把电流送至 LED 灯。

- digitalWrite(pin,value) 函数的功能是设置引脚的状态，这个函数也有两个参数，第一个是所要设定的引脚，同 pinMode() 函数类似，程序中的参数值为 LED_BUILTIN；第二个参数是该引脚的状态，有 HIGH（置高，即输出 +5V 电压）和 LOW（置低，即输出 0V 电压）两种状态。digitalWrite() 函数在 loop() 函数中使用了两次，一次置高、一次置低，当置高时，LED 灯两端有 +5V 的电压，此时 LED 灯有电流流过，灯就亮了；反之，LED 灯两端压差为零（因为都是 0V），此时不会产生电流，灯就不会亮。

- delay(ms) 函数是一个等待函数，它确切的名字叫作延时函数，该函数只有一个参数，就是等待或延时的时间，参数的单位是毫秒，所以程序中的参数值 1000 就是 1000 毫秒，即 1 秒钟，类似地还有一个 delayMicroseconds(us) 函数，所不同的是该函数的参数单位是微秒（1 毫秒 =1000 微秒）。

在示例代码的 setup() 函数中设置 led 引脚为输出，以控制 LED 灯的亮/灭，这个操作只在上电或重启时执行一次，之后就不再执行了。

在 loop() 函数中有 4 条语句，按照顺序执行的操作分别是：

❶ 设置 led 引脚输出高，LED 点亮。

❷ 等待 1 秒钟。

❸ 设置 led 引脚输出低，LED 熄灭。

❹ 等待 1 秒钟。

由于 loop() 函数中的代码将被循环执行，所以在第 4 步执行完成后，将回到第 1 步继续执行，程序不断循环，我们就看到了 LED 闪烁的效果。

单击"校验"按钮 ✅，实现对程序的编译和检查。等待片刻后，状态栏会提示编译通过，如果编译没有错误，则提示"编译完成"。在状态栏的黑色区域会给出提示信息，用来显示编译错误或编译完成后的大小，如图 1.10 所示，Blink 程序编译后的大小为 924 字节，占用了 3% 的程序存储空间。

图 1.10　Blink 程序编译后的大小

在将这个 Blink 程序上传到 QTSTEAM 控制器之前，需要先在"工具"菜单中执行"开发板：'Arduino Duemilanove or Diecimila'"→"Arduino Duemilanove or Diecimila"命令。

将 QTSTEAM 控制器通过 USB 数据线连接到你的计算机上，如果 USB 驱动正常，单击"工具"菜单，其"端口"子菜单会出现如图 1.11 所示的信息。

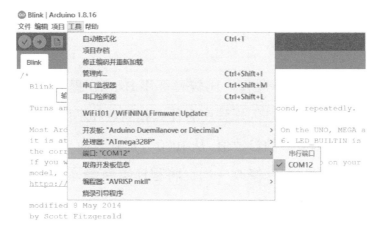

图 1.11　上传端口选择菜单

你的计算机分配的端口不一定是 COM12，具体是哪一个端口，可以通过依次插拔数据线观察一下。串行端口的下拉菜单中可能有多个串口号，通过插拔确定是哪一个。

确定正确的上传端口后，单击"上传"按钮 ⊙。上传前 Arduino 还会重新编译一次程序，编译成功后开始上传。上传成功后状态栏会有上传成功提示，如图 1.12 所示。

图 1.12　上传成功提示窗口

上传完成后观察一下 QTSTEAM 控制器上的 D2 红色 LED 灯是否会不停地闪烁。如果它能够正常闪烁，则说明你已经会使用 Arduino 了！ Arduino 编程环境的使用就是这么简单。

1.5 拓展学习

如果你学习过 BoeBot 课程，比较一下用 BASIC 程序编写的第一个 LED 灯闪烁程序同本章的 LED 灯闪烁程序有什么相同点和不同点。

修改 delay(ms) 函数中的参数值，从 1000 分别修改为 500，100，50，20，10（两个调用语句都要修改），每修改一次，将程序重新编译上传，观察红色 LED 灯的闪烁情况。

LED 灯是不是闪烁得越来越快？当将两个 delay 函数中的参数修改为 10 时，已经看不到 LED 灯在闪烁了，而是一直亮着！为什么呢？

1.6 呼吸灯的制作

通过前面的拓展练习，可以知道，当控制灯的高、低电平信号变得越来越快时，LED 灯会闪得越来越快。当快到一定程度时，我们的眼睛就分辨不出它在闪烁，而是认为它一直亮着。

为了描述信号变化的快慢，引入两个重要的物理概念——周期和频率。

一个循环变化的信号的周期就是信号循环变化一次的时间。在闪烁示例程序中，红色 LED 灯的变化周期就是亮的时间加上灭的时间。其实，真正的周期还要加上四条指令的执行时间。在数学或者物理学科中，通常用大写的 T 表示周期。

注意，每一次函数调用或者语句执行都是需要时间的，只是这个时间的量级为微秒级，而 LED 灯的变化周期为毫秒级，所以在计算时可将这个时间忽略不计。

频率就是信号在 1 秒钟内的循环变化次数，是以秒为时间单位的周期的倒数。频率的单位为赫兹 (Hz)，通常用小写的 f 表示。因此，频率和周期的数学关系为

$$f \times T = 1$$

了解了这两个概念，就可以将 Blink 程序生成的 LED 控制信号描述为周期为 2 秒、频率为 0.5Hz 的电平变化信号。

后面的拓展练习可描述为分别生成输出周期为 1 秒、200 毫秒、100 毫秒、40 毫秒和 20 毫秒的电平信号，对应的频率为 1Hz、5Hz、10Hz、25Hz 和 50Hz。当信号频率达到 50Hz 时，人的肉眼已经完全分辨不出它的变化了。

目前，loop 主循环函数中 LED 灯的闪烁次数是没有控制的，只要打开电源，控制器就会不断地重复执行这个函数。那么，是否可以控制不同循环的执行次数呢？答案是肯定的。C/C++ 语言提供了丰富的循环控制指令来实现各种循环需求。

现在我们利用循环控制语句来将这个红色 LED 灯做成呼吸灯的效果。

呼吸灯是指灯光在微电脑的控制下完成由亮到暗的逐渐变化，就好像是人在呼吸，它被广泛应用于手机设计中，起到通知提醒的作用，已成为各大品牌新款手机的卖点之一。

要完成呼吸灯的制作，首先要弄清楚如何用数字信号去控制 LED 灯由亮到暗的变化，这需要用到数据变量的定义和循环控制，即通过循环去控制亮度

从亮到暗。由于这个亮度是一个变化的量，所以被叫作变量。

C/C++ 语言提供了一种被叫作 int 的整数数据类型，除此之外，还有小数（浮点）、字符等多种数据类型，不同的数据类型其所占的内存空间不同。表 1.2 给出了 Arduino 中常见的数据类型及其说明。

表 1.2　Arduino 中常见的数据类型及其说明

数 据 类 型	说　　明
char	字符型数
double	双精度浮点型数
float	单精度浮点型数
int	整型数
long	长整型数
short	短整型数
signed	有符号数，二进制数中最高位为符号位
unsigned	无符号数

使用变量之前要先在函数内或者函数外对其进行声明。在函数内声明的变量只能在这个函数内使用，叫作局部变量，而在函数外声明的变量叫作全局变量，程序中所有的函数都可以使用它。全局变量最好定义在所有函数定义的前面，而局部变量最好定义在函数体的开始部分。

现在来看下面的程序代码：

```
void loop() {
    int brightness;
```

```
for(brightness=1;brightness<=20;brightness++)
{
digitalWrite(LED_BUILTIN, HIGH);
delay(brightness);
digitalWrite(LED_BUILTIN, LOW);
delay(20-brightness);
}
}
```

首先在 loop 函数中声明定义了一个 int 整型变量 brightness。int 是变量类型，brightness 是变量名称，这个变量用来控制 LED 灯的亮度。

注意，变量的声明和定义也相当于一条语句，所以必须用分号结束。变量名称的定义有专门的规定，不能随意定义，例如，所有变量的名称不能用数字开头，具体规定后面会详细介绍。

接着是 for 循环，直接用亮度变量 brightness 作为循环控制变量，循环执行多少次，由圆括号中的三个表达式决定。第一个表达式是给亮度变量赋初值：

brightness=1;

这里的等于号 "=" 被叫作赋值运算符，意思是将 1 这个值赋给 brightness。圆括号中第二个表达式是关系表达式：

brightness<=20;

用来判断亮度值是否小于等于 20，这里 "<=" 被叫作关系运算符。如果关系成立，则这个表达式取值为 1（真），否则为 0（假）。第三个表达式为自增运算：

```
brightness++
```

意思是给亮度值加 1，这个表达式相当于

```
brightness+=1
```

或者

```
brightness=brightness+1
```

写成 ++ 的目的是简化输入操作。

for 循环中的三个表达式放在圆括号中，用分号隔开，注意，第三个表达式的后面没有分号，而是直接将控制红色 LED 灯闪烁的四条语句又加了一对花括号，表示这四条语句要执行 for 循环条件中规定的次数。而 loop 函数则是不断执行这个 for 循环。执行一次 for 循环完成一次从暗到亮的控制，然后重新开始从暗到亮，由程序重复执行 loop 函数实现。

for 循环中的 delay 函数的参数由 brightness 来控制。第一个 delay 函数的参数是 brightness，而第二个 delay 函数的参数是 20-brightness，这是一个数学表达式，程序在执行时会自动计算这个表达式，将结果传给 delay 函数去执行。两个 delay 语句的延时时间加起来总为 20，所以控制灯亮度的信号周期并没有变化，变化的是每次循环亮的时间由 1 变为 20，而灭的时间从 19 变为 0。而这个时间量的变化就决定了亮度的变化。

for 循环的整体执行过程如下。

① 先给 brightness 赋初值 1。

② 判断 brightness 是否小于等于 20，如果是，则执行后面花括号内的四条语句；否则结束循环。

③让 brightness 加 1，循环回到第②步。

因此，for 循环里面的四条语句总共会执行 20 次。20 次结束后又重新执行一次 for 循环，不断重复。

可以将 for 循环后面花括号中的语句看作一个整体，即一个循环复合语句。

将这个程序另存为 BreathBlink，编译上传到 QTSTEAM 控制器，看看红色 LED 灯的变化效果。

红色 LED 灯从暗到亮的时间为 20×20 毫秒 =400 毫秒。这是呼吸灯的变化周期。现在我们将呼吸灯从亮到暗的控制过程加入程序中，请看下面的代码：

```
void loop()
{
  int brightness;
  for(brightness=1;brightness<=20;brightness++)
  {
  digitalWrite(LED_BUILTIN, HIGH);
  delay(brightness);
  digitalWrite(LED_BUILTIN, LOW);
   delay(20-brightness);
   }
   for(brightness=19;brightness>1;brightness--)
   {
  digitalWrite(LED_BUILTIN, HIGH);
  delay(brightness);
  digitalWrite(LED_BUILTIN, LOW);
  delay(20-brightness);
```

```
    }
  }
```

此时 loop 函数中放入了两个 for 循环，第一个 for 循环执行完从暗到亮的过程，紧接着就执行下面的 for 循环，完成从亮到暗的控制。第二个 for 循环将初始亮度设为 19，然后通过判断是否大于 1 来控制循环是否执行，每循环一次，brightness 减 1。这里用到了自减运算符 -- 和关系运算符 >。

将这个程序再次编译上传，观察红色 LED 灯的变化情况。

现在的呼吸效果就非常逼真了，计算一下整个呼吸灯的变化周期是多少呢？

如果要改变整个呼吸灯的变化周期，应该如何修改程序呢？

还记得 BoeBot 中 BASIC 语言的数据类型吗？回想并对比一下。

1.7 本章小结

通过本章的学习和实践，你应当了解和掌握如下知识和技能。

❶ Arduino 编程环境的下载、安装和使用。

❷ Arduino QTSTEAM 控制器的特点。

❸ Arduino 开源例程的理解和应用。

❹ Arduino 程序的组成和函数的概念，掌握几个基本的库函数的调用方法。

❺ 信号周期、频率的概念和代码执行周期的计算。

❻ 变量的定义和使用。

❼ 呼吸灯的制作和循环控制。

❽ 采用顺序执行和循环结构相互配合的方法完成呼吸灯的制作。

第 **2** 章 机器人组装

　　本章所说的机器人是一种两轮驱动的智能小车。在学习过程中，你需要首先搭建车体，然后再搭建电路和编写程序让小车具有触觉感知、红外感知和循线等智能功能。本章先教你将小车的车体组装起来。通过组装车体，你将学会使用两种常用的机器人组装工具：尖嘴钳和螺丝刀；同时将认识最基本的机械连接件：铆钉、M3 螺柱和螺母。

2.1　组装工具

　　如图 2.1 所示是比较通用的组装工具，一般家庭或学校都有，在一些五金商店也可以购买到。在与本书配套的机器人套件中已经配有此套工具。

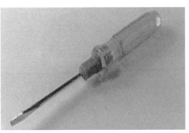

（a）尖嘴钳　　　　　　　　　　　（b）螺丝刀

图 2.1　机器人组装工具

2.2 车体零配件

Arduino 入门机器人的组装物件见表 2.1。

表 2.1　Arduino 入门机器人的组装物件

类　别	序　号	物料名称	规格及说明	用　量	备　注
A 系列	1	A1	双孔 L 型连接片	4	
	2	A2	连接长片	3	
	3	A3	连接片 2×10	2	
	4	A4	连接片 2×11	2	
B 系列	5	B1	电机轮固定螺钉	2	
	6	B2	垫圈筒 M5H5	2	
	7	B3	黑色沉头塑料螺钉 M3×12	2	
	8	B4	黑色小铆钉	14	装配只需 10 个，预备 4 个
	9	B5	黑色单通尼龙柱 M3×15+6	8	
	10	B6	黑色单通尼龙柱 M3×12+6	2	
	11	B7	黑色双通尼龙柱 M3×25	4	
	12	B8	圆头塑料螺钉 M3×8	22	装配只需 18 个，预备 4 个
	13	B9	六角螺母 M3（透明）	16	装配只需 12 个，预备 4 个
C 系列	14	C1	驱动电机	2	
	15	C2	电池盒	1	
	16	C3	内轮	2	

类 别	序 号	物料名称	规 格 及 说 明	用 量	备 注
C系列	17	C4	轮外胶套	2	
	18	C5	牛眼轮	1	
	19	C6	亚克力盖板	1	
D系列	20	D1	QTSTEAM 控制器	1	
	21	D2	面包板	1	
注意：尼龙螺钉及螺柱轻拧即可卡紧。无须使用大力气，力量过大会损坏螺钉。					

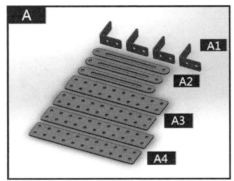

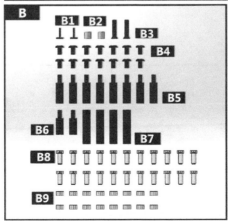

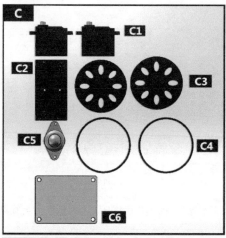

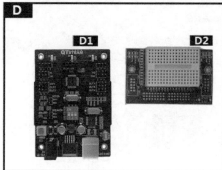

2.3 组装顺序

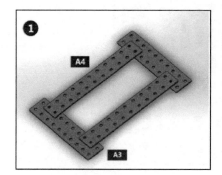

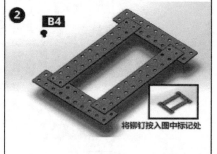

将铆钉按入图中标记处

❸
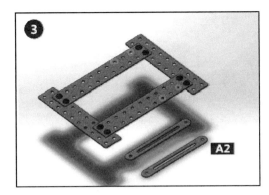
A2

❹
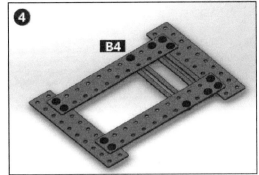
B4

❺
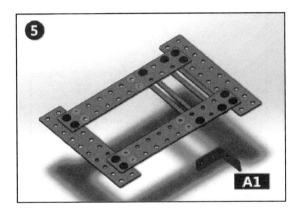
A1

❻
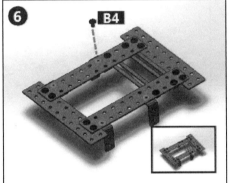
B4

❼

C2

❽
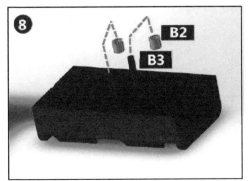
B2
B3

组装时，车体在上，电池盒在下

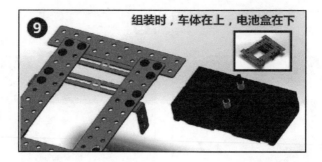

9

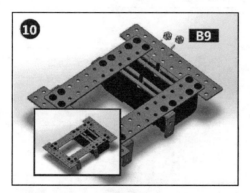

10 B9

11 B5

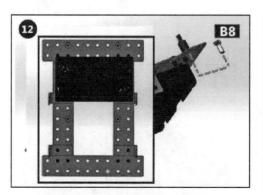

12 B8

13 B5

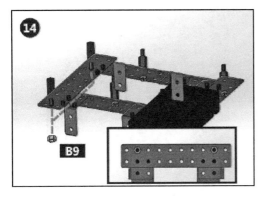

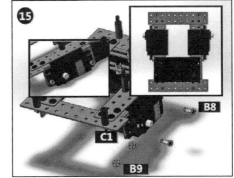

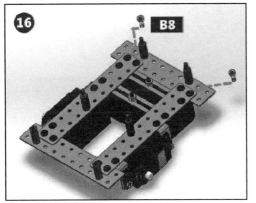

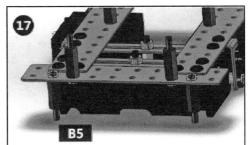

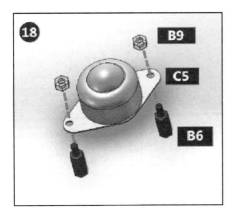

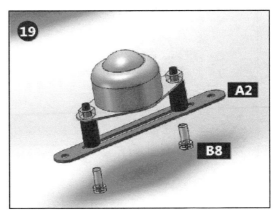

将⑲与螺柱连接

B9

C3

C4

B1

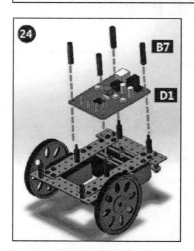

B7

D1

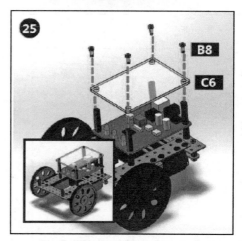

B8

C6

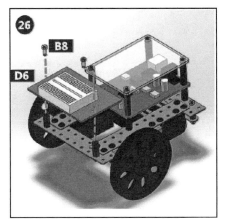

4 本章小结

❶ 认识组装工具并掌握组装工具的使用方法。

❷ 熟悉车体的各个组装物件，并了解它们的作用。

❸ 熟悉机器人的组装顺序，掌握机器人的组装技巧。

3.1 点亮与控制多个 LED 灯

1. LED 灯简介

LED 的全称为发光二极管，在电路及仪器中常作为指示灯，或者组成点阵用于显示文字或数字。不同的 LED 灯会发出不同的光，如红色、绿色、黄色和白色等。LED 灯的工作电压一般为 1.5 ～ 2.0V，其工作电流一般为 3 ～ 20mA。在 5V 的逻辑电路中，可使用 1kΩ 电阻作为限流电阻。

交通信号灯的控制可以简单地理解为对 3 个 LED 灯的控制，在完成了 Blink 示例之后，本章我们利用 QTSTEAM 控制器上的 3 个板载 LED 灯来模拟交通信号灯的控制进行编程。

QTSTEAM 控制器前端有 3 个 LED 灯，分别是 D1 绿色、D2 红色和 D3 黄色。这 3 个灯的颜色正好与交通灯的颜色一致。根据表 1.1 可知，D1 绿色 LED 灯由 19 号引脚控制，D2 红色 LED 灯由 13 号引脚控制，而 D3 黄色 LED 灯由 8 号引脚控制。

2. 控制交通信号灯的程序

（1）编辑程序。

打开 Arduino 编程环境，按照图 3.1 所示单击 New（新建）按钮 新建 Arduino 开发环境下的程序文件，新程序文件自动命名为 sketch_oct10d，这实际上是以当前的日期给新建程序自动命名，并自动生成了两个框架函数。单击 Save（保存）按钮 选择保存路径，如图 3.2 所示，在"保存在"下拉列表中选择一个文件夹（你可以新建一个文件夹，图中选择的是 Arduino），将该程序文件以"TrafficLed"命名，选择保存类型 "所有文件（*.*）"不变，最后单击"保存"按钮即可在选定的文件夹 Arduino 中自动生成 TrafficLed 子文件夹，并在该子文件夹中存入了 TrafficLed.ino 程序文件，此时该对话窗口将自动跳转到 TrafficLed 程序文件编辑窗口，如图 3.3 所示。

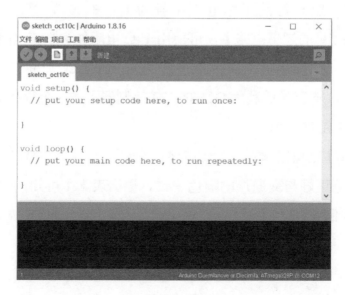

图 3.1 单击新建按钮新建程序文件

图 3.2 选择新建程序文件保存路径和保存文件名

图 3.3 TrafficLed 程序文件编辑窗口

将控制交通灯的程序写入编辑区，具体代码如下：

```
/*********************************************

交通信号灯项目
占用引脚 19、引脚 13、引脚 8
引脚 13——红灯；引脚 19——绿灯；引脚 8——黄灯
交通信号灯顺序是红、绿、黄，再回到红，每次点亮一盏灯
假设红灯持续时间为 6 秒钟，黄灯持续时间为 2 秒钟，绿灯持续时间为 6 秒钟
*********************************************/

int redLed=13;
int yellowLed=8;
int greenLed=19;
/*********************************************

setup 函数，只执行一次

*********************************************/

void setup()

{
    // 设置引脚 redLed、yellowLed、greenLed 为输出控制 LED 灯亮灭
    pinMode(redLed, OUTPUT);
    pinMode(yellowLed, OUTPUT);
    pinMode(greenLed, OUTPUT);
}
/*********************************************

loop 函数，反复循环执行

*********************************************/

void loop()

{
```

```
        // 红灯亮
        digitalWrite(redLed, HIGH);
        digitalWrite(yellowLed, LOW);
        digitalWrite(greenLed, LOW);
        delay(6000);
        // 持续 6 秒
        // 绿灯亮
        digitalWrite(redLed, LOW);
        digitalWrite(yellowLed, LOW);
        digitalWrite(greenLed, HIGH);
        delay(6000);
        // 持续 6 秒
        // 黄灯亮
        digitalWrite(redLed, LOW);
        digitalWrite(yellowLed, HIGH);
        digitalWrite(greenLed, LOW);
        delay(2000);
        // 持续 2 秒
    }
```

单击 Verify（校验）按钮 ✓ 对程序进行编译和检查，如果程序写入无错误，则编译通过。接通 Arduino 控制器的电源，首先用 USB 数据线连接 QTSTEAM 控制器与计算机，再单击 Upload（上传）按钮 ⊙ 将编译完成的控制程序上传到 QTSTEAM 控制器。如上传的过程中端口有变化，则无法上传（如你更换了 USB 口），将出现如图 3.4 所示的提示信息。重新在"工具"菜单的"端口"

子菜单中选择新的串口，参见图 1.11，单击"确定"按钮便可成功上传控制程序。仔细观察交通灯的变化。

相信上述代码不用说明读者也都能看得懂，在点亮一个 LED 时灭掉另外两个 LED，然后延时保持 LED 灯的状态。

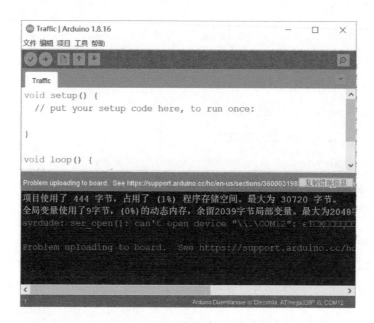

图 3.4　端口改变上传出现的错误提示信息

（2）控制交通灯程序是如何工作的？

为了提高程序的可读性，分别为这 3 个引脚命名，13 号引脚连接着红色 LED，所以命名为 redLed；8 号引脚连接着黄色 LED，所以命名为 yellowLed；19 号引脚连接着绿色 LED，所以命名为 greenLed。

具体引脚数据声明如下：

```
int redLed=13;
```

```
int yellowLed=8;
int greenLed=19;
```

"int" 在第 1 章中已经介绍过了，它表示后面要声明一个整数变量。int 本身被称为数据类型关键字，数据类型关键字后面跟着的这些名字，被称为变量。

变量是一个可以变化的量，在程序设计领域通过定义一个名字来得到一个连续的存储空间，并通过变量的名字来使用这段存储空间里存储的内容。

变量的命名规则如下：

❶ 变量名必须以字母开头，名字中间只能由字母、数字和下划线组成。

❷ 通常要把变量名定义为便于阅读和能够描述所含数据用途的名称，而不使用一些难懂的缩写。

❸ 根据需要混合使用大小写字母和数字。一般通用的方式是，组成变量名的单词中，第一个单词的第一个字母小写，而之后单词的第一个字母大写。

❹ 变量名的长度不得超过 255 个字符。

❺ 变量名在有效的范围内必须是唯一的。

❻ 变量名不能使用关键字。

C/C++ 语言的关键字是编程语言保留的特殊标识符，它们具有固定的名称和含义，ANSI C 标准一共规定了 32 个关键字，如表 3.1 所示。

表 3.1　ANSI C 标准规定的 32 个关键字

关　键　字	用　　途	说　　明
auto	存储种类说明	用于说明局部变量
break	程序语句	退出最内层循环体
case	程序语句	switch 语句中的选择项
char	数据类型说明	字符型数
const	存储种类说明	程序中不可更改的常量值
continue	程序语句	转向下一次循环
default	程序语句	switch 语句中的失败选择项
do	程序语句	构成 do...while 循环结构
double	数据类型说明	双精度浮点型数
else	程序语句	构成 if...else 选择结构
enum	数据类型说明	枚举
extern	存储种类说明	在其他程序模块中说明了的全局变量
float	数据类型说明	单精度浮点型数
for	程序语句	构成 for 循环结构
goto	程序语句	构成 goto 转移结构
if	程序语句	构成 if...else 选择结构
int	数据类型说明	整型数
long	数据类型说明	长整型数
register	存储种类说明	使用 CPU 内部寄存器的变量
return	程序语句	函数返回
short	数据类型说明	短整型数
signed	数据类型说明	有符号数，二进制数据中最高位为符号位
sizeof	运算符	计算表达式或数据类型的字节数

关　键　字	用　　途	说　　明
static	存储种类说明	静态变量
struct	数据类型说明	结构类型数
switch	程序语句	构成 switch 选择结构
typedef	数据类型说明	重新进行数据类型定义
union	数据类型说明	联合类型数
unsigned	数据类型说明	无符号数
void	数据类型说明	无类型数
volatile	数据类型说明	该变量在程序执行中可被隐含地改变
while	程序语句	构成 while 和 do...while 循环结构

定义完 3 个变量后，接下来分析一下需要实现的功能。公路上的交通信号灯其变化顺序为红、绿、黄，然后再回到红，每次点亮一盏灯。这里我们假设红灯持续时间为 6 秒钟，黄灯持续时间为 2 秒钟，绿灯持续时间为 6 秒钟。

（3）定义函数，简化交通灯控制程序。

上面的主循环程序中用了 3 组 digitalWrite 语句，每组用了 3 条，3 条 digitalWrite 语句中只有控制 LED 亮和灭的参数在变化，这样的程序显得非常冗长和重复。现在我们来完成一个自定义函数，使代码简化。函数的优势在于它的模块化。自定义函数的功能是通过输入 3 个参数改变交通信号灯的状态。函数名为 trafficLights，具体内容定义如下。

```
/***********************************************

交通灯切换函数
```

```
函数功能：改变交通信号灯的状态
入口参数：red——红灯状态，HIGH 或者 LOW
yellow——黄灯状态，HIGH 或者 LOW
green——绿灯状态，HIGH 或者 LOW
*********************************************/
void trafficLights(int red, int yellow, int green)
{
digitalWrite(redLed, red);
digitalWrite(yellowLed, yellow);
digitalWrite(greenLed, green);
}
```

添加了 trafficLights() 函数的程序代码如下，注意 loop 函数中内容的变化。

```
/*********************************************
交通信号灯项目
交通信号灯的变化顺序是红、绿、黄，再回到红，每次点亮一盏灯
假设红灯持续时间为 6 秒钟，黄灯持续时间为 2 秒钟，绿灯持续时间为 6 秒钟
*********************************************/
int redLed=13;
int yellowLed=8;
int greenLed=19;
/*********************************************
setup 函数，只执行一次
*********************************************/
```

```
void setup()
{
    // 设置引脚 redLed、yellowLed、greenLed 为输出控制 LED 亮灭
    pinMode(redLed, OUTPUT);
    pinMode(yellowLed, OUTPUT);
    pinMode(greenLed, OUTPUT);
}
/*********************************************
loop 函数，反复循环执行
*********************************************/

void loop()
{
    // 红灯亮
    trafficLights(HIGH, LOW, LOW);
    delay(6000);
    // 持续 6 秒
    // 绿灯亮
    trafficLights(LOW, LOW, HIGH);
    delay(6000);
    // 持续 6 秒
    // 黄灯亮
    trafficLights(LOW, HIGH, LOW);
    delay(2000);
```

```
        // 持续 2 秒
    }
    /**********************************************
        交通灯切换函数
        函数功能：改变交通信号灯的状态
        入口参数：red——红灯状态，HIGH 或者 LOW
        yellow——黄灯状态，HIGH 或者 LOW
        green——绿灯状态，HIGH 或者 LOW
    **********************************************/
    void trafficLights(int red, int yellow, int green)
    {
        digitalWrite(redLed, red);
        digitalWrite(yellowLed, yellow);
        digitalWrite(greenLed, green);
    }
```

  由于这个 trafficLights() 函数是我们自己定义并完成的，所以它必须出现在代码段中，否则当我们在 loop() 函数中调用这个函数时，控制器将不知道到底要执行什么操作（事实上，如果没有函数定义，在校验或上传环节 IDE 就会报错）。

  自定义函数与 setup() 函数和 loop() 函数的地位是平等的，它不能定义在 setup() 或者 loop() 函数中，这点要特别注意。

  在 loop() 函数中我们直接调用该函数就完成了 3 个信号灯的亮灭控制，将原来的 3 行程序变为 1 行。

函数的定义和调用是初学者的学习难点，学习时要仔细观察和揣摩，尤其注意函数定义时的形式参数和调用时的实际参数之间的传递关系。

这个交通灯控制函数在定义时将灯亮和灯灭的状态变成了函数的参数（参数其实就是变量），调用函数时必须给这个参数传递具体的值。

3.2 Arduino 机器人与 PC 通信

Arduino 机器人没有自己的显示器和键盘，在开发和调试机器人程序的过程中，需要借助 PC 来输入和输出调试数据，这就需要 Arduino 机器人能够与 PC 通信，相互交换数据。Arduino 能够通过串行通信的方式与 PC 通信。

Arduino 机器人控制器有两个专门用于串行通信的引脚，分别是 RX 引脚和 TX 引脚，其中，RX 为接收引脚，用于接收 PC 通过串口发送的信息；TX 为发送引脚，用于通过串口发送信息给 PC。因为 Arduino 机器人的 USB 端口与 RX 和 TX 引脚相连，所以只要使用 USB 数据线将 Arduino 机器人控制器与 PC 相连就可以实现串行通信。简而言之，用 USB 数据线将 Arduino 机器人控制器与 PC 连接，便可以完成 Arduino 机器人与 PC 的通信。

（1）机器人与 PC 的通信程序。

```
void setup()
{
    // 波特率设置为 9600bps
    Serial.begin(9600);
}
void loop()
```

```
{
    // 向 PC 发送 "Hello Word！" 字符串
    Serial.println("Hello World!");
    // 延时 1s，每次发送字符串间隔 1s
    delay(1000);
}
```

Arduino 控制器与 PC 的通信涉及一个专业词语——波特率。在电子通信领域，单片机（Arduino 机器人上使用的单片机是 AVR）和计算机串口通信速率用波特率表示，它的定义为每秒传输二进制代码的位数，即 1 波特 =1 位/秒，单位为 bps（位/秒）。如果串口通信波特率设置为 9600bps，则表示串口每秒传输 9600 位二进制代码。

（2）函数说明。

Arduino 机器人与 PC 的通信程序用到了两个新函数，分别是 Serial.begin(x) 函数和 Serial.println(val，formal) 函数。这两个函数是串口对象 Serial 的成员，其详细说明如下。

● Serial.begin(x) 函数是串口初始化函数，该函数无返回值，输入变量 x 为 unsigned long 型，为串口的波特率。如初始化串口波特率为 9600bps，则为 Serial.begin(9600)。Serial.begin(x) 函数的原型可以在 Arduino 开发环境目录下的 hardware\arduino\cores\arduino 文件夹的 HardwareSerial.h 和 HardwareSerial.cpp 文件中查找到。Serial.begin(x) 串口对象函数所涉及的类是 C++ 的核心概念，读者若想深入了解 Serial.begin(x) 函数需要先学习 C++ 语言。本教材对类和对象不做过多讲解，只简单说明它们的使用方法。

● Serial.println(val，format) 函数是串口对象的打印输出函数，该函数无返回值。输入变量 val 为需要打印的数据；输入变量 format 为输出数据格式，包括整型和浮点型，当 format 变量缺省时，默认为整型输出。Serial. println(val，format) 函数的原型同样也可以在 Arduino 开发环境目录下的 hardware\arduino\cores\arduino 文件夹下的 HardwareSerial.h 和 HardwareSerial.cpp 文件中查找到。

（3）Arduino 机器人与 PC 通信的操作。

将 Arduino 机器人与 PC 通信程序写入 Arduino 编程环境中，写完程序后单击 Verify（校验）按钮 ✓ 对程序进行编译和检查，如果程序写入无错误，则编译通过。

首先接通 Arduino 机器人电源，再用 USB 数据线连接 Arduino 控制器与 PC，然后单击 Upload（上传）按钮 ⊙ 将编译完成的程序上传到 Arduino 控制器。保持 USB 数据线处于连接状态，单击 Arduino 软件自带的串口调试助手，查看机器人发送给 PC 的字符串。

调用 Arduino 软件自带的串口调试助手的步骤为：单击 Arduino 软件菜单栏上的"工具"选项，再单击"串口监视器"选项，操作方式如图 3.5 所示；此时弹出如图 3.6 所示的串口监视器，在串口监视器上可以看到机器人发送给 PC 的字符串。

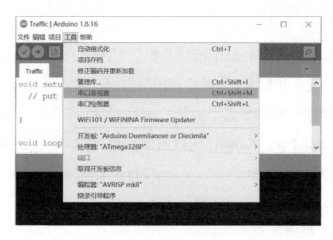

图 3.5 调出 Arduino 软件自带的串口监视器

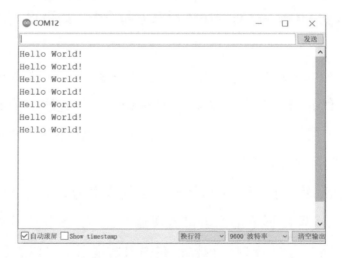

图 3.6 串口监视器显示接收到来自机器人的字符串

3.3 通过 PC 端控制板上 LED 灯的亮灭

在第 3.2 节学习了 Arduino 机器人如何发送信息给 PC，本节我们将学习如何通过 PC 发送信息给 Arduino 机器人，Arduino 机器人再根据 PC 发送的信息控制 LED 灯的亮灭。

（1）通过 PC 端控制 LED 灯亮灭的程序。

```
void setup()
{
    // 设置 13 号引脚为输出引脚
    pinMode(13,OUTPUT);
    // 波特率设置为 9600bps
    Serial.begin(9600);
}


void loop()
{
    // 定义 control 变量为用于接收 PC 发送信息的变量
    int control;
    // 判断串口是否接收到数据
    if(Serial.available())
    {
        control=Serial.read();
        if(control=='H' || control=='h')
        { // 设置 13 号引脚输出为高电平，LED 灯亮
            digitalWrite(13,HIGH);
            // 向 PC 发送 "Light up the LED！" 字符串
            Serial.println("Light up the LED!");
            // 延时 0.5s
```

```
        delay(500);
    }
    if(control=='L' || control=='l')
    {// 设置 13 号引脚输出为低电平，LED 灯灭
        digitalWrite(13,LOW);
        // 向 PC 发送 "Destroy the LED ！ " 字符串
        Serial.println("Destroy the LED!");
        // 延时 0.5s
        delay(500);
    }
  }
}
```

上述程序用到了新的 C/C++ 语句——if 语句。该语句是条件选择判断语句，可以实现选择结构。它可以根据给定的条件进行判断，以决定执行哪个分支的程序段。

if 语句有 3 种基本形式，具体如下：

❶ 第一种基本形式：

if（表达式）　　 { 　语句 　}

❷ 第二种基本形式：

if（表达式）　　 { 　语句 1 　}

else 　　　　　 { 　语句 2 　}

❸ 第三种基本形式：

```
if（表达式 1）          {  语句 1  }
else if（表达式 2）            {  语句 2  }
else if（表达式 3）            {  语句 3  }
…
else if（表达式 n）            {  语句 n  }
else              {  语句 m  }
```

这 3 种 if 语句的功能描述如下。

第一种基本形式：如果 if 括号内的表达式为真，则执行语句的程序；如果 if 括号内的表达式为假，则不执行语句的程序。

第二种基本形式：如果 if 括号内的表达式为真，则执行语句 1 的程序；如果 if 括号内的表达式为假，则执行语句 2 的程序。

第三种基本形式：如果 if 括号内的表达式 1 为真，则执行语句 1 的程序；如果 else if 括号内的表达式 2 为真，则执行语句 2 的程序；如果 else if 括号内的表达式 3 为真，则执行语句 3 的程序；……；如果 else if 括号内的表达式 n 为真，则执行语句 n 的程序；否则执行语句 m 的程序。

使用 if 语句时的注意事项包括：

❶ 在 3 种基本形式中，if 关键字的后面均为表达式。该表达式通常是逻辑表达式或关系表达式，也可以是一个变量。

❷ 在 if 语句中，条件判断表达式必须用括号括起来。在语句之后必须加分号，如果是多行语句组成的程序段，则要用花括号括起来。

上述程序还使用了一个新函数——Serial.available()，该函数的作用是判断串口是否接收到数据，函数的返回值为 int 型（整型）。

程序的具体流程如下所述。

❶ 首先在 setup() 函数中设置 13 号引脚为输出引脚，设置通信波特率为 9600bps。

❷ 进入 loop() 函数，先定义接收 PC 发送信息的变量——control。

❸ 再利用 Serial.available() 函数判断串口是否接收到信息。

❹ 如果接收到信息，则判断接收到的信息。如果接收到的信息为"H"或"h"，则打开 LED 灯，并向 PC 发送"Light up the LED！"提示信息，再延时 0.5s；如果接收到的信息为"L"或"l"，则关闭 LED 灯，并向 PC 发送"Destroy up the LED！"提示信息。

（2）通过 PC 端控制 LED 灯亮灭的实现。

将通过 PC 端控制 LED 灯亮灭的程序写入 Arduino 编程环境的编辑区，程序输入完后单击 Verify（校验）按钮 ✓ 对程序进行编译和检查。编译通过后，接通 Arduino 控制器的电源，首先用 USB 数据线连接 Arduino 控制器与 PC，再单击 Upload（上传）按钮 ➡ 将编译完成的程序上传至 Arduino 控制器。保持 USB 数据线处于连接状态，调出 Arduino 软件自带的串口监视器，如图 3.7 所示。

在"发送"按钮左侧的输入栏中输入字符。如输入"l"或"L"，则关闭 LED 灯，同时 Arduino 控制器发回"Destroy the LED!"提示信息；如输入"h"或"H"，则点亮 LED 灯，同时 Arduino 控制器发回"Light up the LED!"提示信息。

图 3.7　Arduino 自带串口监视器输入信息到 Arduino 控制器

上述程序中还用到了字符型数据和"=="关系运算符。用单引号引起来的单个字符为字符型数据，那么，为什么将接收到的整型数据变量 control 去和字符型数据比较呢？两者能比较吗？"=="是判断两边的数据是否相等的关系运算符，如果相等，则关系成立，表达式为真；如果不相等，则关系不成立。

这里涉及串口数据的传送方式问题。其实，串口传送的都是数据，而且是按照每次 8 位的方式传送的。为了简便，串口先将字符或者数据都转化为 ASCII 码，然后通过串口传送出去，接收端收到的也是 ASCII 码。ASCII 码本质上是一个 8 位的数据，可以用 int 来定义接收的信息数据类型，而字符型数据在计算机内部也是用 ASCII 码表示的，实际上也是一个整数，所以两者可以比较。

关于 ASCII 码的知识，同学们可以查阅资料自学，后面在 C++ 程序设计课程中会详细介绍。

3.4 拓展学习

（1）总结程序的三种基本逻辑结构，顺序、循环和条件判断。

（2）进一步了解和掌握 C/C++ 语言中的函数的定义方法和函数的调用方法。

（3）了解 C 和 C++ 的关系。分析在串口通信程序中用到的函数与点亮 LED 灯用到的函数的调用方式有何区别。

3.5 本章小结

❶ 变量的定义规范。

❷ 自定义函数的定义和调用规范。

❸ Arduino 串口通信函数的使用。

❹ 条件判断语句的语法规范。

❺ 如何从 PC 串口调试终端输入命令控制 LED 灯的亮和灭。

第 4 章 伺服电机和机器人运动控制

伺服电机是执行元件，它能够将接收到的电信号转换成电机轴上的角位移或角速度输出。与普通直流电机相比，其控制更加简单，而且能够精确控制输出轴的位置或速度，因此更加适用于机器人的设计与开发。伺服电机也存在一定的缺点，即速度比较低，且价格比较昂贵。根据控制速度或位置的不同，伺服电机分为角度伺服电机和连续旋转伺服电机。角度伺服电机通常用作机械手的关节，而连续旋转伺服电机则通常用于驱动移动机器人的轮子。

本章使用连续旋转伺服电机作为 Arduino 机器人的控制电机，具体实物如图 4.1 所示。图中标注的伺服电机的外部配件将在本章或后续章节中用到。

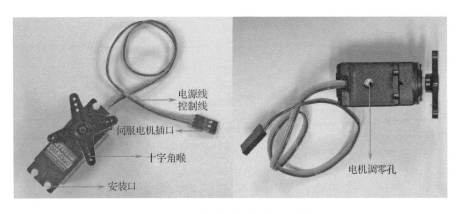

图 4.1 连续旋转伺服电机

4.1 伺服电机调零

本节主要介绍如何连接机器人伺服电机与 QTSTEAM 控制器，以及如何对伺服电机调零。在第 2 章中，我们已经将伺服电机和 QTSTEAM 控制器安装到机器人上。

连续旋转电机与一般直流电机有所不同。连续旋转电机的外接线有 3 根，通常白色线为信号线，红色线为电源线，黑色线为电源地线；一般直流电机只有 2 根线，即电源线和电源地线。控制器通过信号线发送 PWM 信号控制连续旋转电机的转动速度。这里简单介绍一下 PWM，PWM 即脉冲宽度调制，简称脉宽调制。以 PWM 信号为控制方式在电力电子技术领域有着广泛的应用，PWM 控制技术具有控制简单、灵活和动态响应好等优点。

如图 4.2 所示为电机调零控制脉冲信号时序图，其中高电平持续时间（脉宽）为 1.5ms，低电平持续时间为 20ms，用该重复脉冲序列控制经过零点标定后的伺服电机，伺服电机不会旋转。如果此时电机旋转，则表明电机需要标定，即伺服电机需要调零。

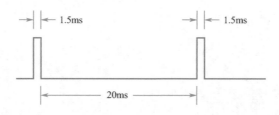

图 4.2　电机调零控制脉冲信号时序图

如图 4.3 所示为电机全速顺时针旋转的控制脉冲信号时序图，其中高电平持续时间为 1.3ms，低电平持续时间为 20ms，该重复脉冲序列是伺服电机全速顺时针旋转的控制脉冲序列。当高电平持续时间（脉宽）从 1.3ms 到 1.5ms 变化时，伺服电机顺时针旋转的速度逐渐降低。

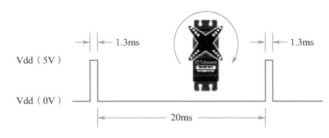

图 4.3　电机全速顺时针旋转的控制脉冲信号时序图

如图 4.4 所示为电机全速逆时针旋转的控制脉冲信号时序图，其中高电平持续时间为 1.7ms，低电平持续时间为 20ms，该重复脉冲序列是伺服电机全速逆时针旋转的控制脉冲序列。当高电平持续时间（脉宽）从 1.7ms 到 1.5ms 变化时，伺服电机逆时针旋转的速度逐渐降低。

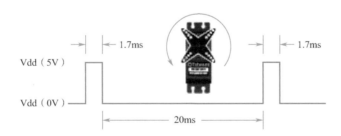

图 4.4　电机全速逆时针旋转的控制脉冲信号时序图

伺服电机与 QTSTEAM 控制器的连接非常简单，因为 QTSTEAM 控制器专门为伺服电机设计了 3Pin 插针。连接时，只需将伺服电机的 3Pin 插口插到控制器对应的插针上，具体操作是：将安装在机器人左侧的伺服电机的 3Pin 插口插到 QTSTEAM 控制器的 out1 插针上，注意，信号线在 out1 一侧；将安装在机器人右侧的伺服电机与 out4 相连接。

两个伺服电机的调零程序如下：

```
void setup()
{
 // 设定 5 号引脚和 9 号引脚（分别是 out1 和 out4 对应的引脚）为输出引脚
 pinMode(5,OUTPUT);
 pinMode(9,OUTPUT);
}
void loop()
{//-------- 左电机调零控制脉冲 ------------
 // 设置 5 号引脚为高电平
 digitalWrite(5,HIGH);
 // 高电平持续 1500μs
 delayMicroseconds(1500);
 // 设置 5 号引脚为低电平
 digitalWrite(5,LOW);

 //-------- 右电机调零控制脉冲 --------
 // 设置 9 号引脚为高电平
 digitalWrite(9,HIGH);
 // 高电平持续 1500μs
 delayMicroseconds(1500);
 // 设置 9 号引脚为低电平
 digitalWrite(9,LOW);
 // 低电平持续 20ms
 delay(20);
}
```

上面的伺服电机调零程序用到了一个新函数——delayMicroseconds(x1) 函数。delayMicroseconds(x1) 函数与 delay(x2) 函数均为延时函数，所不同的是 delay(x2) 函数是毫秒延时函数，单位为 ms；而 delayMicroseconds(x1) 函数是微秒延时函数，单位为 μs（1ms=1000μs）。delayMicroseconds(x1) 函数无返回值，输入变量 x1 为无符号整型数 (unsigned int)。在程序中，delayMicroseconds(x1) 函数的作用是使脉冲信号的高电平持续 x1μs。

下面将伺服电机调零程序写入 Arduino 编程环境的编辑区并保存。单击 Verify（校验） 按钮对程序进行编译和检查，如果程序写入没有错误，则编译通过。接下来接通 Arduino 控制器的电源，用 USB 数据线连接 Arduino 控制器与计算机，单击 Upload（上传）按钮将编译完成的控制程序上传至 Arduino 控制器。上传完成后观察左右伺服电机是否保持静止，如果左右伺服电机有未静止的电机，则需要对该电机调零，这时需要用螺丝刀调节伺服电机侧面孔内的调节电阻，使伺服电机保持静止，此项操作就是伺服电机的调零，如图 4.5 所示为伺服电机调零操作示意图。

注意，一定要轻轻地转动螺丝刀，不要太过用力！

图 4.5 伺服电机调零操作示意图

4.2 伺服电机控制测试

电机调零完成后就可以进行转速控制测试了。测试时，要使电机以不同的速度和方向旋转。通过测试，可以确保电机工作正常，同时了解电机在不同脉冲信号下的转动速度。电机调零脉冲信号是高电平持续 1500μs，低电平持续 20ms。在第 4.1 节中已经介绍过可以通过改变高电平的持续时间来控制电机的转速，现在我们通过程序控制小车轮子的转速，并测量轮子在不同脉冲信号下的转动速度。

将伺服电机逆时针旋转程序写入 Arduino 编程环境的编辑区，伺服电机逆时针旋转程序的具体代码如下：

```
void setup()
{
 // 设定 5 号引脚和 9 号引脚为输出引脚
 pinMode(5,OUTPUT);
 pinMode(9,OUTPUT);
}
void loop()
{//-------- 左电机逆时针旋转控制脉冲 ---------
 // 设置 5 号引脚为高电平
 digitalWrite(5,HIGH);
 // 高电平持续 1700μs
 delayMicroseconds(1700);
```

```
// 设置 5 号引脚为低电平
digitalWrite(5,LOW);
//-------- 右电机逆时针旋转控制脉冲 --------
// 设置 9 号引脚为高电平
digitalWrite(9,HIGH);
// 高电平持续 1700μs
delayMicroseconds(1700);
// 设置 9 号引脚为低电平
digitalWrite(9,LOW);
// 低电平持续 20ms
delay(20);
}
```

完成程序输入任务，保存程序，单击 Verify（校验）按钮☑️对程序进行编译和检查，如果程序写入无错误，则编译通过。接下来接通 Arduino 控制器的电源，用 USB 数据线连接 Arduino 控制器与计算机，单击 Upload（上传）按钮⊙上传编译成功的伺服电机逆时针旋转程序。当脉冲的高电平持续时间（脉宽）为 1700μs 时，该脉冲使电机全速逆时针旋转。

可以通过改变高电平持续时间（脉宽）来改变电机逆时针旋转的速度。例如，将左电机程序的高电平持续时间改为 1600μs，右电机程序不变，上传修改过的程序，观察左右两个电机的转速有何变化。可用 1500～1700 之间的数值去修改高电平持续时间，观察电机逆时针旋转的速度有何变化。

如图 4.6 所示是测得的伺服电机控制脉宽与电机转速的关系曲线。你可以动手测量不同脉宽下的电机转速，并以关系曲线的形式描述脉宽与转速的关系，看看所获得的曲线与图 4.6 是否有区别。

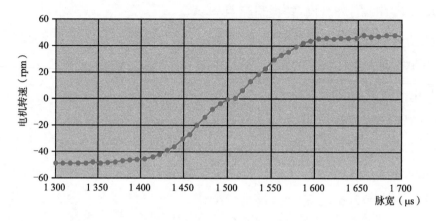

图 4.6　伺服电机控制脉宽与电机转速的关系曲线

如何实现伺服电机顺时针旋转呢？参照图 4.6 所示的伺服电机控制脉宽与电机转速的关系曲线可知，当脉宽为 1300～1500μs 时，电机顺时针旋转；当脉宽为 1300μs 时，电机全速顺时针旋转。

4.3　机器人运动控制

按图 4.7 所示定义机器人的前进、后退、左转、右转共 4 种运动方式。表 4.1 给出了左右电机旋转运动与机器人运动方式之间的关系。

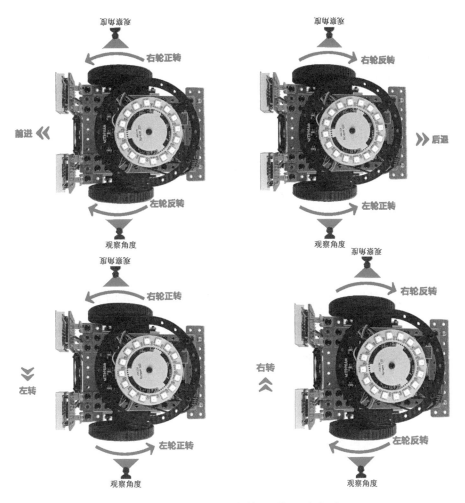

图 4.7　定义机器人的四种运动方式

表 4.1　左右电机旋转运动与机器人运动方式的关系

单位：μs

左 电 机	右 电 机	机器人运动方式
1700（全速逆时针旋转）	1300（全速顺时针旋转）	全速前进
1300（全速顺时针旋转）	1700（全速逆时针旋转）	全速后退

左 电 机	右 电 机	机器人运动方式
1700（全速逆时针旋转）	1700（全速逆时针旋转）	两轮驱动下全速右转
1300（全速顺时针旋转）	1300（全速顺时针旋转）	两轮驱动下全速左转
1700（全速逆时针旋转）	1500（电机停止转动）	左轮驱动下右转
1500（电机停止转动）	1300（全速顺时针旋转）	右轮驱动下左转
1500（电机停止转动）	1500（电机停止转动）	停止

（1）全速前进。

由表4.1可知，如果希望机器人全速前进，可以控制其左轮全速逆时针旋转，右轮全速顺时针旋转。回顾前面学过的知识，控制电机顺时针和逆时针旋转只需改变脉冲信号的高电平持续时间即可，基于此，可以编写控制机器人全速前进的程序。以下为机器人全速前进65步的程序。

```
void setup()
{
 // 设定 5 号引脚和 9 号引脚为输出引脚
 pinMode(5,OUTPUT);
 pinMode(9,OUTPUT);
}
int i;
void loop()
{
 for(i=1;i<=65;i++)
 {
```

```
// 设置 5 号引脚为高电平
digitalWrite(5,HIGH);
// 高电平持续 1700μs
delayMicroseconds(1700);
// 设置 5 号引脚为低电平
digitalWrite(5,LOW);
 // 设置 9 号引脚为高电平
digitalWrite(9,HIGH);
// 高电平持续 1300μs
delayMicroseconds(1300);
// 设置 9 号引脚为低电平
digitalWrite(9,LOW);
// 低电平持续 20ms
delay(20);
}
while(1);
}
```

（2）两轮驱动下的全速右转。

由表 4.1 可知，如果希望机器人在两轮驱动下全速右转，可以控制其左轮全速逆时针旋转，右轮全速逆时针旋转。以下为机器人在两轮驱动下全速右转90°的程序。

```
void setup()
{
// 设定 5 号引脚和 9 号引脚为输出引脚
```

```
  pinMode(5,OUTPUT);
  pinMode(9,OUTPUT);
}
int i;
void loop()
{
  for(i=1;i<=36;i++)
  {
  // 设置 5 号引脚为高电平
  digitalWrite(5,HIGH);
  // 高电平持续 1700μs
  delayMicroseconds(1700);
  // 设置 5 号引脚为低电平
  digitalWrite(5,LOW);
   // 设置 9 号引脚为高电平
  digitalWrite(9,HIGH);
  // 高电平持续 1700μs
  delayMicroseconds(1700);
  // 设置 9 号引脚为低电平
  digitalWrite(9,LOW);
  // 低电平持续 20ms
  delay(20);
  }
  while(1);
}
```

根据上述的机器人全速前进 65 步程序和机器人在两轮驱动下全速右转 90° 的程序，参照表 4.1 的高电平持续时间设置，自己动手编写全速后退、在两轮驱动下全速左转、在左轮驱动下右转和在右轮驱动下左转的程序。

（3）程序说明。

本节的两个示例程序都使用了 for 语句，for 语句是 C/C++ 语言中的循环控制语句，既可以用于循环次数确定的情况，又可以使用在循环次数不确定而只给出循环条件的情况。

for 语句的一般形式为：

for（表达式 1；表达式 2；表达式 3） 语句；

for 语句的执行流程图如图 4.8 所示。

for 语句的功能描述为：先求解表达式 1，一般情况下，表达式 1 为循环结构的初始化语句，为循环计数器赋初值。然后求解表达式 2，若其值为假，则终止循环；若其值为真，则执行 for 语句中的内嵌语句。内嵌语句执行完后，求解表达式 3。最后继续求解表达式 2，根据求解值进行判断，直到表达式 2 的值为假时终止。

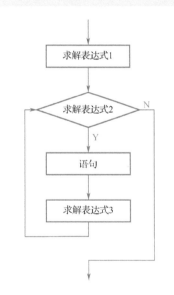

图 4.8　for 语句的执行流程图

for 语句最简单、最典型的形式为：

for（循环变量赋初值；循环条件；循环变量的增量） 语句；

在 for 语句中，循环变量赋初值总是一个赋值语句，用来给循环控制变量赋初值；循环条件是一个关系表达式，用于决定什么时候退出循环；循环变量的增量用来定义循环控制变量每次循环后按什么方式变化。这三部分之间用分号分开。

使用 for 语句时要注意：

❶ for 语句中的表达式 1、表达式 2 和表达式 3 都是选择项，但是分号不能省略。

❷ 若 3 个表达式都省略，则 for 循环变成 for(; ;)，相当于 while(1) 死循环。

❸ 表达式 2 一般是关系表达式或逻辑表达式，但也可以是数值表达式或字符表达式，只要其值非零，就执行循环体。

在机器人全速前进 65 步程序中有一行 for 语句，即 for(i=1; i<=65; i++)，该语句表示循环执行后面花括号中的语句 65 次。

本节的两个程序都使用了 while 语句，while 语句也是循环语句。while 语句的一般形式为：

while（表达式） 语句；

程序执行时首先计算表达式的值，当表达式的值为真或非零时，执行后面的语句；当表达式的值为假或零时，跳出循环体，结束循环。

while 语句的执行流程图如图 4.9 所示。

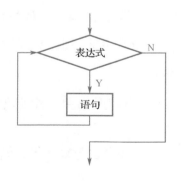

图 4.9 while 语句的执行流程图

使用 while 语句时要注意：

❶ while 语句的条件表达式为真时，其中的循环体语句将被重复执行。

❷ 在循环体中应有使循环趋于结束的语句。如果没有，则会进入死循环。在编写嵌入式应用程序时，我们经常会用到死循环。

❸ 循环体语句若包含一条以上的语句，应使用花括号括起来。

以上两个程序都使用了 while(1) 语句，该语句表示死循环。在程序中，while(1) 语句的作用是使程序在此停止，因为 loop() 函数内的语句会不断地被循环执行，故必须在程序的末尾加上 while(1) 死循环语句才可以使 Arduino 程序在此停止，不再重复执行 loop() 函数。

4.4 拓展学习

❶ 用 PWM 脉宽信号可以控制伺服电机的转速，回顾一下用 PWM 信号控制 LED 灯的亮度的方法，整理并总结你对 PWM 的认识。

❷ 掌握时序图的概念。

❸ 拓展研究伺服电机的速度控制原理。

❹ 编写程序控制机器人走一个正方形或者三角形路线。

❺ 仔细观察 Arduino 机器人是否可以按照你的要求走出很直的路线。

4.5 机器人走多边形和通用运动函数的定义和调用

通过第 4.3 节的编程实践，你是否发现机器人的各种运动程序基本上是一样的，所不同的只是控制电机速度的高电平持续时间。在第 4.4 节的拓展学习过程中，你是不是重复使用了很多同样的代码，这使程序看上去很长，但是功能却并不复杂。

还记得在编写交通信号灯控制程序时我们也遇到过同样的问题，最后通过自定义函数简化了主程序。现在对于机器人的运动控制，也可以采用自定义函数来简化运动控制程序的方法。

由于决定机器人运动方式的是左、右两个电机的旋转速度，故可以用这两个速度作为自定义运动函数的参数，在编写主程序运动指令时，用具体的速度值来调用这个函数就可以获得不同的运动方式。

具体定义方式如下：

```
void move(int LP,int RP)
{
    digitalWrite(5,HIGH);
    delayMicroseconds(LP);
    digitalWrite(5,LOW);

    digitalWrite(9,HIGH);
    delayMicroseconds(RP);
    digitalWrite(9,LOW);

    delay(20);
}
```

这个自定义函数没有返回值，所以声明为 void 类型，它的名字为 move，后面圆括号中定义了两个整型参数，分别对应左、右电机的旋转速度。这两个参数是变量，调用时可以赋予不同的数值，从而获得不同的运动效果。这个函数只是让机器人按照参数定义的速度走一步，为了进一步简化运动程序，还可以给函数增加一个参数——运动步数，具体如下：

```
void move(int LP,int RP,int steps)
{
    for(int i=0;i<steps;i++)
        {
        digitalWrite(5,HIGH);
        delayMicroseconds(LP);
        digitalWrite(5,LOW);

        digitalWrite(9,HIGH);
        delayMicroseconds(RP);
        digitalWrite(9,LOW);

        delay(20);
        }
}
```

有了这个函数，我们在编写走正方形或者其他复杂的运动轨迹时，是不是就要简单很多呢？

将这个函数定义放到 setup() 函数前面，用函数调用完成机器人走正方形或者其他正多边形轨迹的任务。

4.6 本章小结

❶ PWM 脉宽调制信息及时序图的认识和使用。

❷ 机器人运动控制。

❸ 循环结构的应用与比较。

❹ 机器人运动函数的定义和调用。

第 5 章 蓝牙遥控机器人

蓝牙是一种支持设备之间短距离通信的无线电技术，已经广泛应用于各种智能设备，常见的有手机、笔记本电脑、无线耳机等。本章我们将探索蓝牙通信模块在机器人上的应用，利用全童手机 APP 控制终端遥控机器人完成各种动作。

本章内容可分为两部分：

❶ 采集和显示全童手机 APP 控制终端发出的按键信号编码。

❷ 根据按键编码给机器人编程，使其能够根据接收到的手机 APP 信号执行相应的动作。

5.1 手机 APP 蓝牙信号编码检测

本章使用蓝牙 4.0 模块。该模块包括 6 个引脚，分别是 VCC（电源）、GND（地线）、TXD（发送端）、RXD（接收端）、STATUS——IND（状态指示）和 LINKDROP。蓝牙 4.0 模块的实物如图 5.1 所示。

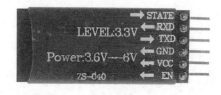

（a）正面　　　　　　　　　　（b）背面

图 5.1　蓝牙 4.0 模块

蓝牙 4.0 模块的基本工作特性如下：

❶ 通电后模块上的 LED 指示灯闪烁，表示没有蓝牙连接；灯常亮，表示蓝牙已连接。

❷ 模块供电输入电压范围为 3.6 ~ 6V，禁止超过 7V。

❸ 在未建立蓝牙连接时支持通过串口 AT 指令设置波特率、名称、配对密码，设置的参数可断电保存。

蓝牙 4.0 模块与机器人 QTSTEAM 控制器的连接方式见表 5.1。

表 5.1　蓝牙 4.0 模块与机器人 QTSTEAM 控制器的连接方式

蓝牙 4.0 模块	QTSTEAM 控制器
VCC	VCC
GND	GND
TXD	RX
RXD	TX

QTSTEAM 控制器上有蓝牙 4.0 模块的专用接口，使用时只需要将蓝牙 4.0

模块按照如图 5.2 所示的方式插到控制器上即可。

图 5.2　蓝牙 4.0 模块与 QTSTEAM 控制器的连接图

　　将模块安装到机器人上面后，其工作状态可以通过手机（或 iPad）进行检测，具体的检测方式为：打开机器人电源，通过手机扫描附近的蓝牙设备；如果发现了相应的设备，则选择对应的设备进行配对连接；连接完成后，蓝牙 4.0 模块的电源指示灯会一直保持点亮状态。

　　建立连接后，机器人便可以接收到手机 APP 发出的蓝牙信号了。

　　正式测试前，要先在 Android 手机上安装全童手机 APP（QT_CON.apk）并开启蓝牙功能。

QT_CON.apk

图 5.3　全童手机 APP 安装包

全童手机 APP 安装包及界面如图 5.3 和图 5.4 所示。

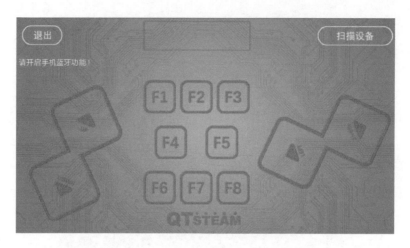

图 5.4　全童手机 APP 遥控界面

　　如图 5.4 所示，该 APP 包含多个按钮，使用 APP 对机器人进行控制前需要知道各个按钮所发出的对应指令。蓝牙模块是基于串口通信协议的，机器人通过检测串口数据即可知道 APP 所发送的指令内容。我们可以编写以下程序来实现对 APP 指令码值的检测。

```
/**
手机蓝牙 APP 指令检测程序
**/
#include <SoftwareSerial.h>
SoftwareSerial BlueTooth(0, 1);
void setup()
{
BlueTooth.begin(9600);
Serial.begin(9600);
}
```

```
void loop()
{
  char code=BlueTooth.read();      // 将接收的 ASCII 码值转换成字符
  if(code!=-1)                      // 没有按键被按下时，蓝牙模块接收到的是 -1，
                                    //  不用显示
      Serial.println(code);
  delay(500);
}
```

上述程序在开始处先将一个定义 SoftwareSerial 类的头文件包含进来，SoftwareSerial.h 这类文件称为头文件，是 C 语言定义和保存扩展设备及函数库的文件，通过 #include 将其包含到开发程序中，程序就可以使用这个文件中定义的类和函数。包含的文件名称必须用 "< >" 括起来，这是 C 语言的规定。

在 SoftwareSerial.h 文件中定义了一个被叫作 SoftwareSerial 的类，这个类定义了一个软件串口，用于模拟串口发送和接收信息。因为包含了这个文件，所以可以用 "SoftwareSerial Bluetooth(0,1);" 来定义蓝牙模块对象 Bluetooth，后面圆括号中的两个参数表示蓝牙模块连接到的 2 个控制器引脚号。这时 SoftwareSerial 就相当于一种数据类型。由后面的程序可知，Bluetooth 对象和 Serial 对象有相同的初始化函数和读取数据函数。

关于如何定义类，将在后续的 C++ 课程中学习。这是开发大型程序的核心技能。

编译上传程序后打开串口监视器，保证手机与蓝牙模块已经建立连接，打开全童手机 APP，单击 "扫描设备"，APP 操作界面上部中间的窗口会显示安

装到机器人上的蓝牙 4.0 模块名称，如果没有，可以用手指滑动寻找；找到后单击模块名称，当名称变为"断开设备"时表示已经与机器人上的蓝牙模块建立了连接。按下任意按钮，串口监视器会显示按键对应的命令字符，按键与命令字符的对应关系如表 5.2 所示。

表 5.2　按键与命令字符的对应关系

按　键	命 令 字 符
UP	0
DOWM	1
LEFT	2
RIGHT	3
F1	A
F2	B
F3	C
F4	D
F5	E
F6	F
F7	G
F8	H

5.2　机器人遥控编程

　　机器人蓝牙遥控就是让机器人能够区分手机 APP 发出的按键蓝牙信号对应的命令字符，并根据命令字符来执行相应的动作或完成相应的任务。下面的程序用到了 UP、DOWN、LEFT、RIGHT 四个按键对应的命令字符，机器人会根据接收到的信号完成前进、后退、左转和右转的动作。

```
/**
蓝牙遥控机器人基本程序
**/
#include <SoftwareSerial.h>
// 定义 LEFT_MOTOR 常量，表示左侧电机连接到 5 号口，不可重新赋值
const int LEFT_MOTOR = 5;
// 定义 RIGHT_MOTOR 常量，表示右侧电机连接到 6 号口，不可重新赋值
const int RIGHT_MOTOR = 6;
SoftwareSerial BlueTooth(0, 1);    // 创建软串口对象 BlueTooth 并初始化接收、发
送端口分别为 0 号和 1 号

/** 初始化函数 **/
void setup()
{
  BlueTooth.begin(9600);                    // 蓝牙发送波特率
  pinMode(LEFT_MOTOR,OUTPUT);               // 左轮端口设为输出模式
  pinMode(RIGHT_MOTOR,OUTPUT);              // 右轮端口设为输出模式
}

/** 机器人前进控制函数 **/
void forward()
{
  digitalWrite(LEFT_MOTOR, HIGH);
  delayMicroseconds(1700);
```

```
  digitalWrite(LEFT_MOTOR, LOW);
  digitalWrite(RIGHT_MOTOR, HIGH);
  delayMicroseconds(1300);
  digitalWrite(RIGHT_MOTOR, LOW);
  delay(20);
}

/** 机器人后退控制函数 **/
void backward()
{
  digitalWrite(LEFT_MOTOR, HIGH);
  delayMicroseconds(1300);
  digitalWrite(LEFT_MOTOR, LOW);
  digitalWrite(RIGHT_MOTOR, HIGH);
  delayMicroseconds(1700);
  digitalWrite(RIGHT_MOTOR, LOW);
  delay(20);
}

/** 机器人左转控制函数 **/
void turnLeft()
{
  digitalWrite(LEFT_MOTOR, HIGH);
  delayMicroseconds(1300);
  digitalWrite(LEFT_MOTOR, LOW);
```

```
  digitalWrite(RIGHT_MOTOR, HIGH);
  delayMicroseconds(1300);
  digitalWrite(RIGHT_MOTOR, LOW);
  delay(20);
}

/** 机器人右转控制函数 **/
void turnRight()
{
  digitalWrite(LEFT_MOTOR, HIGH);
  delayMicroseconds(1700);
  digitalWrite(LEFT_MOTOR, LOW);
  digitalWrite(RIGHT_MOTOR, HIGH);
  delayMicroseconds(1700);
  digitalWrite(RIGHT_MOTOR, LOW);
  delay(20);
}

/** 循环控制函数 **/
void loop()
{
  char code=BlueTooth.read();      // 读取蓝牙接收的命令字符
  delay(2);
  switch(code)
  {
```

```
    case '0':
      forward();
      break;
    case '1':
      backward();
      break;
    case '2':
      turnLeft();
      break;
    case '3':
      turnRight();
      break;
    default:
      break;
  }
}
```

　　上述程序中出现了一个新的关键字 const，它表示定义的数据为一个常量，也就是数据在程序执行过程中不允许发生变化。const 关键字的使用方法为：const + 变量类型 + 变量名 + "=" + 初值，例如 "const int i = 10"。注意，const 常量在定义时必须赋值。

　　在主循环函数 loop() 中引入了 C/C++ 提供的 switch...case... 复合语句来解释执行收到的字符命令。这个复合语句的执行逻辑完全可以用 if...else if...else 语句来代替，但是 switch...case... 看起来条理更加清晰。关于 switch...case... 语句的语法结构，可以查阅相关的 C/C++ 书籍，这里不详细展开。

上传程序后我们就可以通过全童手机 APP 控制机器人自由行走了。全童手机 APP 的按键控制码较多，我们可以尝试更多不同的操作，也可以应用前面所学的模块，让机器人的功能更加强大。

5.3 机器人遥控功能拓展

本节可以尝试给机器人添加更多的遥控功能，如可以编程让机器人接收到"F1"按键指令时走一个正方形，接收到"F2"按键指令时走一个圆形等。如果机器人除了能够行走以外还有其他功能设备，则还可以通过遥控指令来指挥这些设备完成任务。

遥控是机器人的一种基本智能，它能够让机器人直接听从你的指挥，完成你想要机器人完成的事情。

5.4 本章小结

❶ 认识蓝牙 4.0 模块，了解蓝牙 4.0 模块的应用。

❷ 掌握蓝牙 4.0 模块与 QTSTEAM 控制器的连接。

❸ 熟记全童手机 APP 按钮对应的命令字符。

❹ 熟悉和掌握蓝牙遥控程序的编写思路和方法。

点阵是由多个元素构成的阵列，也指多个相同物体的排列结构。点阵屏在我们的生活中很常见，许多场合都需要用到它，如户外广告、电梯楼层显示、公交报站等。"8×8"是指点阵屏的排列结构，即8行和8列共64个元素。8×8点阵屏由64个LED组成，其实物如图6.1所示。

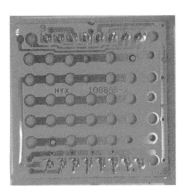

（a）正面　　　　　　　　　　（b）背面

图 6.1　8×8 点阵屏

8×8点阵屏的内部结构如图6.2所示，它的每个发光二极管均放置在行线和列线的交叉点上，当对应的某一列置高电平（1）、某一行置低电平（0）时，相应位置的二极管将被点亮。如要将第一行第一列的LED点亮，则应使第一列控制引脚接高电平，第一行控制引脚接低电平；如果要将第一行 LED 全部点亮，则第一行控制引脚接低电平，所有列控制引脚接高电平；如果要将第一列 LED 全部点亮，则所有行控制引脚接低电平，而第一列控制引脚接高电平。

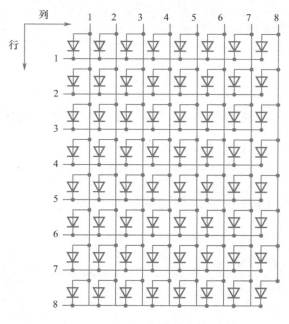

图 6.2　8×8 点阵屏的内部结构

6.1　点亮点阵屏中的任意一个 LED

通过前面的介绍我们已经对 8×8 点阵屏有了一个基本认识，接下来我们学习如何对点阵屏进行控制。若要点亮一个 LED，首先要找到该 LED 所在的行（Y）和所在的列（X），然后将列的控制引脚置高电平，行的控制引脚置低电平。点阵屏的引脚排列如图 6.3 所示。由图 6.2 和图 6.3 可知，如果要将左上角的 LED

点亮，则应将第一行对应的引脚接低电平，第一列对应的引脚接高电平。

提示：由于 LED 具有单向导电性，故点阵屏上的 LED 有两种不同的安装方法，当行引脚置低、列引脚置高无法点亮任一 LED 时，可考虑反接，即行引脚置高，而列引脚置低。

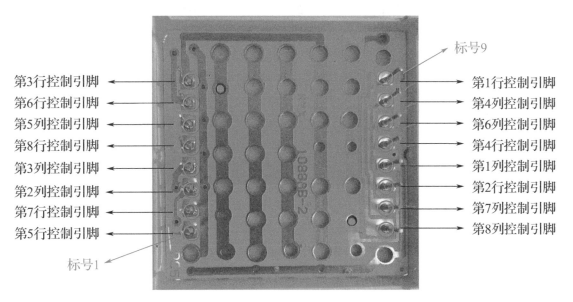

图 6.3　点阵屏的引脚排列

如果直接用 QTSTEAM 控制器的输出引脚来控制 8×8 点阵屏，则我们需要 2×8=16 个端口，而 QTSTEAM 控制器引出的可用端口只有 13 个，不足以直接用来控制点阵屏。为了节省单片机的宝贵资源，通常要用一个专用的芯片来控制点阵屏的显示，控制器只需将要显示的内容通过一两个端口发送到专用芯片上，剩下的事情就交给专用芯片解决了。下面我们学习如何用控制器控制专门的电子模块来完成点阵屏的显示控制。

6.2 利用 MAX7219 电子模块完成点阵屏显示控制

　　MAX7219 电子模块是一种串行输入/输出共阴极显示驱动器。它外形小巧，但功能强大，包含一个片上的 B 型 BCD 编码器、多路扫描回路和段字驱动器，还有一个 8×8 的静态 RAM，用来存储每一个数据，非常易于驱动 LED 点阵屏，其数据以 16 位为一个单位。如图 6.4 所示为 MAX7219 显示驱动电子模块的实物图。

图 6.4　MAX7219 显示驱动电子模块

> **各引脚的功能如下：**
>
> ❶ DIN：串行数据输入端。
>
> ❷ DOUT：串行数据输出端，用于级联扩展。
>
> ❸ CLK：串行时钟输入。
>
> ❹ CS：片选。
>
> ❺ VCC：接入电路电压。
>
> ❻ GND：接地。

注意：在使用 MAX7219 模块前，需要先下载 LedControl 库文件，把下载好的文件存放在 Arduino 安装目录的 libraries 库文件夹内。具体操作方法为：执行 Arduino IDE "工具" → "管理库 ..." 命令，如图 6.5 所示；打开如图 6.6 所示的库管理器窗口；在窗口右上角的编辑框内输入 "LedControl"，会自动查找到相应的库，如图 6.7 所示。根据安装提示信息完成安装即可。

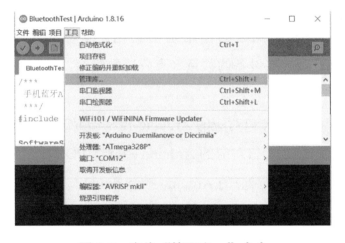

图 6.5　查找 "管理库 ..." 命令

图 6.6　库管理器窗口

LedControl 库用于驱动 MAX7219 和 MAX7221 控制芯片，便于控制 8×8 点阵屏和 8 位七段数码管。控制芯片最多可以驱动 8 块 8×8 点阵屏（共 512 个 LED）或 8 个七段数码管，需占用 3 个控制器 I/O 口。如需驱动超过 8 个设备，则需要更多的 MAX7219 控制芯片和控制器 I/O 口。

LedControl 库中定义了 LedControl 类，通过创建 LedControl 对象可以完成对点阵屏的控制。类构造函数为：LedControl(int dataPin, int clkPin, int csPin, int numDevices)。该构造函数的作用是初始化设备，设置 DIN（dataPin）、CLK、CS 的 I/O 口及连接设备的数量（点阵屏数量），并初始化对象。

各参数的作用如下：

dataPin 用于设置 DIN 口对应的 Arduino 控制器 I/O 口；

clkPin 用于设置 CLK 口对应的 Arduino 控制器 I/O 口；

csPin 用于设置 CS 口对应的 Arduino 控制器 I/O 口；

numDevices 用于设置最大设备连接数（也就是 8×8LED 点阵屏的数量）。

[例 1] LedControl lc=LedControl(12,11,10,1);

该语句定义了一个名为 lc 的点阵屏对象并设定了其连接方式，DIN：12，CLK：11，CS：10，连接设备数量为 1。

[例 2] LedControl lc1=LedControl(9,8,7,8);

该语句定义了一个名为 lc1 的点阵屏对象并设定了另一种连接方式，DIN：9，CLK：8，CS：7，连接设备数量为 8。同一程序中可以创建多个 LedControl 类对象。

正式进行点阵屏显示控制前，先将 8×8 点阵屏安装到 MAX7219 电子模块上，如图 6.8 所示。

图 6.8　8×8 点阵屏与 MAX7219 电子模块的连接

再将 QTSTEAM 控制器与两个 MAX7219 电子模块连接起来，具体的接线方式如表 6.1 所示。

表 6.1　QTSTEAM 控制器与 MAX7219 电子模块的接线说明

机器人左侧 MAX7219 电子模块输入端（IN）	QTSTEAM 控制器
VCC	+5V
GND	GND
DIN	11
CS	6
CLK	19

接下来编写程序控制左侧点阵屏屏幕显示信息，具体程序代码如下：

```
#include <LedControl.h>
```

```
LedControl screen = LedControl(11,19,6,1);
/* 显示任意图标，图标以字节数组的方式进行传递，数组元素个数为 8*/
void ledDisplay(byte icon[])
{
    int i = 0;
    for(i=0;i<8;i++)
        screen.setRow(0,i,icon[i]);
}


void setup()
{
    screen.shutdown(0,false);
    // 将第 0 号（第一个）MAX7219 模块设置为省电模式
    screen.setIntensity(0,8);
    // 将第 0 号 MAX7219 模块控制的点阵屏亮度设置为最大值
    screen.clearDisplay(0);
    // 清除第 0 号 MAX7219 模块控制的点阵屏内容
}


void loop()
{
    byte icon[8]= {0x18,0x24,0x42,0x42,0x5A,0x5A,0x24,0x18};
    ledDisplay（icon）；
}
```

上面的程序首先用 #inlcude 将 LedControl 包含进来；然后用 LedControl

screen = LedControl(11,19,6,1); 声明构造了一个名为 screen 的 LedControl 对象，这个点阵屏与 QTSTEAM 的 11 号、19 号和 6 号引脚连接（同硬件连接一致），而且声明了这个显示控制对象只连接 1 个 8×8 点阵屏。

随后定义了一个点阵屏显示函数 void ledDisplay(byte icon[ ])，这个函数带有一个 byte 类型（称为字节）的数组作为参数。byte 是一种数据结构，表示 8 位无符号数。数组是 C/C++ 语言中的一种数据结构，用来表示多个同一种数据的集合，后面方括号中的数表示含有多少个数据。若作为函数参数时里面空着，则表示可以用各种数量的数组作为参数。

显示函数中用了一个循环，调用了 8 次，setRow 函数为 LedControl 类的成员函数，第 1 个参数 0 指 screen 这个控制对象级联的设备号，如果 screen 只连接了 1 个设备，则其设备编号为 0，如果级联了两个设备，则编号分别为 0 和 1，以此类推；第 2 个参数指点阵屏的行号 i，8×8 点阵屏有 8 行，标号从 0 到 7，由循环变量控制；第 3 个参数 icon[i] 为 8 位数据，i 从 0 到 7，对应点阵屏 8 行的控制字节（byte），控制每一行 8 个 LED 灯的状态，因此，icon 这个数组至少要包含 8 个 byte 数据。

在随后的初始化函数 setup() 中，对声明定义好的 screen 控制对象进行初始化，包括省电模式的设置、亮度的设置和清零操作。这些函数都是 LedControl 类的成员函数，直接用 screen 对象调用即可。

主循环函数中定义了一个名为 icon 的字节数组，这个数组有 8 个数据，每个数据都是 1 个字节，然后直接用花括号中的 8 个数据初始化这个数组。

数组中的数据元素用逗号隔开，声明结束用分号，数据前面的 0x 表示该数据是十六进制数。数组中的 8 个数都是以十六进制形式表示的。关于十六进制数、二进制数和十进制数之间的转换关系，同学们可以自行查阅相关资料学习。

随后用这个声明的数组调用 ledDisplay() 函数，就可以将 icon 数组定义的表情符号在点阵屏上显示出来。调用 ledDisplay() 函数时，使用的参数 icon 不需要加方括号，这一点一定要注意。这些都是 C/C++ 语言规定的。

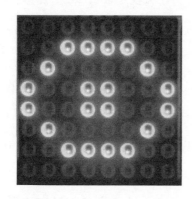

图 6.9　点阵屏显示效果

将程序上传到机器人后，机器人从沉睡中被唤醒，瞪着圆溜溜的眼睛看着你。点阵屏显示效果如图 6.9 所示。

点阵屏显示效果是通过 icon 数组来控制的，icon 数组的 8 个元素分别控制图 6.9 中每列 LED 的状态。例如，第一个元素 0x18 的二进制表示为 00011000，对应第一列中间两个 LED 被点亮。只要改动 icon 数组元素的值，就能调整点阵屏的显示状态。

6.3　扩展学习：机器人酷炫表情

通过第 6.2 节的实践，我们会发现，点亮的点阵屏像极了机器人的眼睛。当两个点阵屏与机器人相连时，机器人立刻有了生气。接下来我们将学习通过机器人丰富的表情来了解机器人的工作状态。

机器人的两只眼睛可以采用级联的方式进行控制，这样可以有效节约硬件资源，MAX7219 电子模块级联电路如图 6.10 所示。点阵屏级联控制可以通过前面程序的注释来进行学习和掌握。

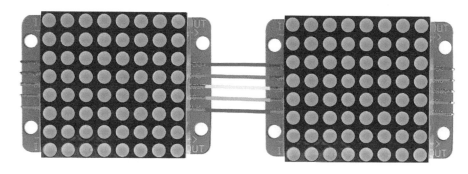

图 6.10　MAX7219 电子模块级联电路

安装好机器人的眼睛后，再来给机器人安装耳朵——蓝牙模块，让机器人在"听"到我们发出的命令后能够一边工作、一边显示自己的工作状态。

程序如下：

```
#include <LedControl.h>
#include <SoftwareSerial.h>
#define LEFT_EYE 0
#define RIGHT_EYE 1
// 左电机连 OUT1（5），右电机连 OUT4（9）
const int LEFT_MOTOR = 5;
const int RIGHT_MOTOR = 9;
LedControl robotsEyes = LedControl(11,19,6,2);
// 第一个 MAX7219，DIN 接 IN1（11），CLK 接 OUT3（19），CS 接 OUT2（6）
// 最后的 2 表示级联了 2 个点阵屏
SoftwareSerial BlueTooth = SoftwareSerial(0,1);
// 创建软串口对象 BlueTooth 并初始化接收、发送端口分别为 0 号和 1 号
```

```
void showRobotExpression(byte stateIcon[])
{
    for(int i=0;i<8;i++)
    {
        robotsEyes.setRow(LEFT_EYE,i,stateIcon[i]);
        robotsEyes.setRow(RIGHT_EYE,i,stateIcon[i]);
    }
}

// 此处省略运动函数
……

void setup()
{
    robotsEyes.shutdown(LEFT_EYE,false);      // 启动时，左侧 MAX7219 处于省电模式
    robotsEyes.setIntensity(LEFT_EYE,8);      // 将亮度设置为最大值
    robotsEyes.clearDisplay(LEFT_EYE);        // 清除显示
    robotsEyes.shutdown(RIGHT_EYE,false);     // 启动时，右侧 MAX7219 处于省电模式
    robotsEyes.setIntensity(RIGHT_EYE,8);     // 将亮度设置为最大值
    robotsEyes.clearDisplay(RIGHT_EYE);       // 清除显示
    pinMode(LEFT_MOTOR,OUTPUT);
    pinMode(RIGHT_MOTOR,OUTPUT);
    BlueTooth.begin(9600);
}
```

```
void loop()
{
    byte leftIcon[8]= {0x18,0x24,0x42,0x42,0x5A,0x5A,0x24, 0x18};        // 左转图标
    byte rightIcon[8]= {0x18,0x24,0x5A,0x5A,0x42,0x42,0x24, 0x18};        // 右转图标
    byte forwardIcon[8]= {0x18,0x24,0x42,0x5A,0x5A,0x42, 0x24,0x18}; // 前进图标
    byte backwardIcon[8]= {0x18,0x18,0x18,0x18,0x18,0x18, 0x18,0x18}; // 后退图标

    char code = BlueTooth.read();
    delay(2);
    switch(code)
    {
     case '0':
       showRobotExpression(forwardIcon);
       forward();
       break;
     case '1':
       showRobotExpression(backwardIcon);
       backward();
       break;
     case '2':
       showRobotExpression(leftIcon);
       turnLeft();
       break;
     case '3':
       showRobotExpression(rightIcon);
       turnRight();
       break;
```

```
default:
  robotsEyes.clearDisplay(LEFT_EYE);
  robotsEyes.clearDisplay(RIGHT_EYE);
  break;
  }
}
```

以上程序展示的是机器人的四种表情变化，如图 6.11 所示，forwardIcon、backwardIcon、leftIcon 和 rightIcon 四个数组分别控制四种状态下点阵屏各行 LED 的显示状态。

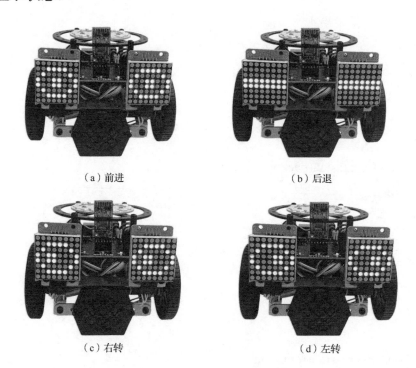

（a）前进　　　　　　　　　　　（b）后退

（c）右转　　　　　　　　　　　（d）左转

图 6.11　机器人方向展示

可以动手尝试一下，在此基础上再增加一块点阵屏作为机器人的嘴巴，让机器人看起来更加俏皮可爱。

6.4 本章小结

❶ 点阵屏引脚控制。

❷ MAX7219 电子模块驱动点阵屏。

❸ MAX7219 电子模块级联控制。

❹ 蓝牙遥控与点阵屏模块的综合运用。

第 7 章　彩色 LED 灯与奇幻机器人制作

城市里的霓虹灯闪烁着五颜六色的光芒，这种变化效果是如何产生的呢？现在就让我们一起来探究彩灯之谜。我们知道，不同颜色的颜料按一定的比例混合可以得到另一种颜色（三原色原理），同样地，不同颜色的光线按一定的比例混合也可以得到另一种颜色的光线，霓虹灯就是利用光线的这一特性设计的。

单个 LED 灯所能呈现的效果往往有限，多个 LED 灯一起工作才能给人带来梦幻般的视觉效果。全彩环形 LED 灯由多个三基色 LED 灯组合而成，它是奇幻机器人的重要组成部分，其实物如图 7.1 所示。

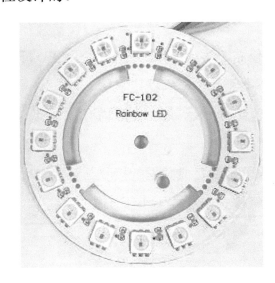

图 7.1　全彩环形 LED 灯

7.1 全彩环形 LED 灯

全彩环形 LED 灯的产品参数如下。

❶ 尺寸：直径 61mm。

❷ 芯片：WS2811（内置于 LED）。

❸ LED：5050 封装 RGB 全彩高亮 ×16（5050 表示 LED 的型号，也代表尺寸）。

❹ 供电电压：5V。

❺ 控制端口：数字。

❻ 控制平台：Arduino 单片机。

全彩环形 LED 灯的具体特性如下。

❶ 5050 高亮 LED，内置控制芯片，仅需 1 个 I/O 口即可控制多个 LED 灯。

❷ 芯片内置整形电路，信号畸变不会累计，能够稳定显示。

❸ 三基色 256 级亮度调剂，24 位真彩显示效果，扫描频率不低于 400Hz/s。

❹ 采用串行连级接口，能通过一根信号线完成数据的接收与解码。

❺ 刷新速率为 30 帧/秒时，低速连级模式连级数不小于 512 点。

❻ 数据收发速度最高可达 800kbps。

❼ 高亮 LED，光色亮度一致性高。

❽ 预留连级焊盘，便于扩展。

7.2 奇幻机器人的灯光效果设计

将全彩环形 LED 灯安装到机器人的环形盖板上，就组成了奇幻机器人，如图 7.2 所示。

图 7.2 奇幻机器人的基本组装方式

控制全彩环形 LED 灯需要用到"Adafruit_NeoPixel"库。使用前请按照第 6 章安装 LedControl 库的方式先将这个库下载安装到你的 Arduino 相关目录中。安装好后，就可以在程序的开始包含头文件 Adafruit_NeoPixel.h。该头文件定义了 Adafruit_NeoPixe 类，利用该类创建的全彩 LED 控制对象就可以用来控制各种真实的全彩 LED 灯条，包括环形彩灯和条形彩灯。

下面是我们在编程过程中需要用到的 Adafruit_NeoPixel 类中定义的成员函数。

❶ begin()：初始化全彩环形灯条，准备发送数据。

❷ show()：根据灯条内每个灯珠的颜色数据进行显示。

❸ Color(R, G, B)：用 RGB 模式定义一种颜色。

❹ setPixelColor(i, color)： 设置第 i 个灯珠的颜色为 color，当 color 的值为 0 时，灯珠熄灭。

了解了上述函数的使用方法后，我们开始设计程序。具体代码如下：

```
/*
该程序执行时会出现颜色流动效果
*/
#include <Adafruit_NeoPixel.h>
#define PIN 6                    // 宏定义 , 定义控制引脚号为 6
#define led_numbers 16           // LED 个数为 16 个
Adafruit_NeoPixel lightStrip=Adafruit_NeoPixel(led_numbers, PIN, NEO_GRB +
NEO_KHZ800);
/* 关于 NEO_GRB+NEO_KHZ800，它包括了与开发板所连的具体类型，在这个例子中
只做形象的解释，如果你所使用的灯珠花样不同，请选用 NEO_KHZ400+NEO_RGB */
void setup()
{
    lightStrip.begin();      // 初始化环形彩灯，准备使用
    lightStrip.show();       // 以缺省的颜色显示，缺省为全部关闭
}
void loop()
{
    int color = lightStrip.Color(0, 100, 100);          //lightStrip.Color(R, G, B) 是用
RGB 三原色创建一种颜色，R、G 和 B 的分量取 0 ~ 255 间的任意值
```

```
for(int j=0; j< led_numbers; j++)
{
  for (int i=0; i<16; i++)
  {
    if (i == j)
    lightStrip.setPixelColor(i,color);
    else
    lightStrip.setPixelColor(i, 0);
  }
  lightStrip.show();
  delay(50);
}
}
```

上传程序后，我们便可以看到流动的灯光效果，既漂亮又神奇。尝试修改灯光颜色，展示出更丰富的变化效果吧。

```
#define PIN 6          // 宏定义，定义控制引脚号为 6
#define led_numbers  16   // LED 个数为 16 个
```

这是 C/C++ 语言提供的宏定义功能，用一个 #define 将后面的 6 用 PIN 来代替，也就是说如果后面的程序中出现 PIN，则 C/C++ 编译器就会用数字 6 来代替它。这其实与声明变量赋值的功能类似，只是宏定义的适用范围更广，以后还会经常用到。

同样地，第二个宏定义是将 16 用 led_numbers 来表示。

```
Adafruit_NeoPixel lightStrip=Adafruit_NeoPixel(led_numbers, PIN, NEO_GRB +
NEO_KHZ800);
```

这个灯条控制对象的声明和定义用到了 Adafruit_NeoPixel 类的构造函数：Adafruit_NeoPixel(led_numbers, PIN, NEO_GRB + NEO_KHZ800)；类的构造函数就是用类的名字定义的函数，后面圆括号中的数据用来构造这个对象要用到的数据。该构造函数用了 3 个参数，第 1 个是灯条对象需要控制的 LED 灯的个数，第 2 个参数是控制对象使用的控制器数据引脚号，第 3 个参数是混色模式和刷新频率的复合数据。具体的混色模式说明涉及非常专业的知识，这里不予展开。

主循环函数中用到了一个循环嵌套，以产生全彩灯的流水效果。外循环用来完成一个完整 16 个彩灯的流水显示，而内循环则设定每一次循环显示只显示 1 个 LED 灯。因为灯条中的 16 个 LED 灯是串行连接的，而每次只能设置一个 LED 灯的颜色，所以每次整个全彩 LED 灯的颜色设置都必须通过循环来完成。

7.3 拓展学习：环形灯带展示运动效果

环形灯带并不只是一个点缀物品，因为灯光变化状态丰富，在机器人设计项目中可以很好地作为状态显示工具。尝试编写程序，控制灯带在机器人处于不同运动状态下展示变化的灯光效果。例如，前进时，两边灯从后往前移动变化，即刚开始 1 号和 16 号灯亮，接下来 2 号和 15 号灯亮，以此类推，最后 7 号和 8 号灯亮。后退、左转和右转都可以通过相同的方式显示，只是程序编写会稍有不同，动手试试吧！

7.4 **全彩环形 LED 显示效果与蓝牙遥控机器人的集成**

尝试编写程序，将环形 LED 的几种显示效果定义成函数，并与蓝牙遥控表情显示机器人集成起来，让机器人具备更多的表演和显示功能。

7.5 **本章小结**

❶ 认识和了解全彩环形 LED 灯条。

❷ 全彩环形 LED 灯条的流水效果程序设计。

❸ 显示效果拓展以及与蓝牙遥控表情机器人的集成。

彩色 LED 灯与奇幻机器人制作

第 8 章　遥控机器人灭火竞赛

8.1　竞赛项目说明

　　机器人灭火竞赛模拟了现实生活中的一种灾难场景：一栋房子着火了，火情紧急，需要机器人迅速找到各着火点并将火焰熄灭。灭火比赛是一个经典的机器人竞赛项目，竞赛场地的示意图如图 8.1 所示。

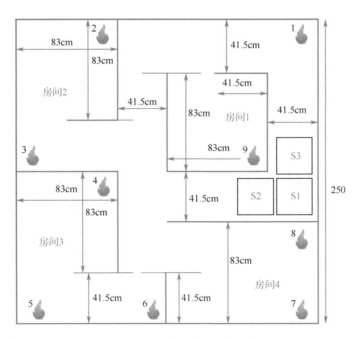

图 8.1　机器人灭火场地示意图

如图 8.1 所示，场地有四个房间，各房间通过过道隔开。房间和过道上都有可能发生火情。图 8.1 中 S1 所示位置为机器人工作起始位置，机器人既可以朝 S2 方向出发，又可以朝 S3 方向出发。在比赛过程中，选手需要操控机器人以最快的速度找到火源，自动探测火焰并将火焰扑灭。机器人每将一个位置的火焰扑灭，需要通过显示设备显示灭掉的火焰数量，并展示自己的表情。

竞赛的规则为：在规定时间内扑灭所有火焰并正确显示扑灭火焰的数量和赛前规定的各种表情，以最短时间回到出发点者为冠军；在规定时间内没有扑灭所有火焰，以扑灭火焰数量多者为优胜；在规定时间内扑灭火焰数量一样，扑灭火焰数量显示也都正确，则成绩并列。

选手可采用任何对场地不造成损害的方式进行灭火。机器人灭火场地实物图如图 8.2 所示。

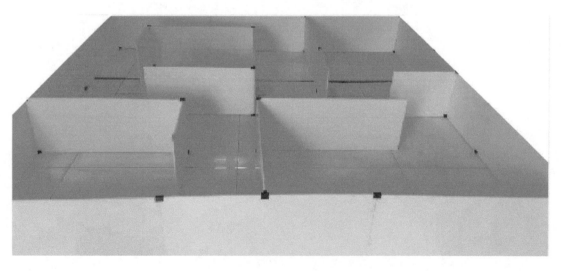

图 8.2　机器人灭火场地实物图

8.2 系统需求分析和解决方案

根据机器人灭火竞赛任务要求，机器人需要具备 5 个功能，如表 8.1 所示。

表 8.1 灭火机器人功能需求

功 能	设计和实现技术
遥控	蓝牙 4.0 模块
信息显示	点阵屏显示
行走	电机控制
火焰感知	远红外火焰传感器
灭火	主要方法有： ● 隔绝空气； ● 降温处理； ● 可燃物隔离
表情显示	点阵屏或全彩灯条

遥控机器人可以直接采用蓝牙 4.0 模块。信息显示有很多方案，LED 灯、数码管或者点阵屏都可以将简单的数字信号呈现出来。因为显示的数字有限，所以可以选择一个点阵屏来显示信息，这样可以简化程序设计。机器人行走直接采用前面已经学过的伺服电机的方案。表情显示可以用另外一个点阵屏式全彩环形 LED 灯。

只有如何发现火源并扑灭火焰需要我们研究可行的解决方案。发现火源及确认火源是否被扑灭可以通过一种远红外火焰传感器来完成，这里采用的是远红外火焰传感器，如图 8.3 所示。

灭火方式可以选择泼水、泡沫灭火或将火源搬离。用水可能引起控制器短路；泡沫灭火器超出了机器人负载，且开启也会比较困难；将可燃物搬离又可能引燃线路本身。因为竞赛用的是小火源，可以直接采用风力降温灭火，实现起来既简单又直接。

风扇直接由直流电机驱动，与我们日常生活中电风扇的工作原理一样，故我们可以在机器人上安装一个小型直流电机和扇叶，如图 8.4 所示。当给直流电机通上 5V 电压时，就可以使风扇高速旋转，吹灭火焰了。

图 8.3　远红外火焰传感器　　　　　图 8.4　小型直流电机和扇叶

现在的问题是 QTSTEAM 控制器如何控制直流电机的通电。直流电机高速旋转时需要的电流比较大，不可能直接由控制器的引脚供电，只能由控制器的电源供电。如何用控制器的引脚去控制电源给直流电机供电呢？这里我们要学习一种新的电子器件——三极管。三极管的基极只需要很小的电流，可以直接接控制器的控制引脚，而三极管的发射极和集电极可以一端直接接电源，另一端接电机，三极管的原理就是用基极的小电流信号去控制大电流信号的开和关。为了方便使用，我们将三极管做到了一个电路板上，并把它叫作传感器开关，具体如图 8.5 所示。传感器开关将直流电机同 QTSTEAM 控制器的电源和控制引脚连接在一起，具体的连接方式如图 8.6 所示。

图 8.5　传感器开关

图 8.6　传感器开关的引脚定义和
连接方式

各功能模块的解决方案确定后，接下来的工作是实现各个模块的有效整合，构成能高效完成任务的灭火机器人。

8.3　灭火机器人的搭建

根据各功能模块的解决方案，我们只需要在蓝牙遥控表情机器人上增加远红外火焰传感器和灭火控制装置即可。

将两个远红外火焰传感器和灭火控制装置按照图 8.7 所示安装到蓝牙遥控表情机器人的后部。

图 8.7　蓝牙遥控灭火机器人

115

8.4 功能模块的实现

通过对机器人系统需求分析和解决方案的综合，我们可以总结出灭火机器人系统的基本控制流程，如图 8.8 所示。

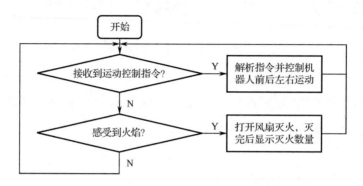

图 8.8　灭火机器人系统控制流程图

将系统分为三部分来进行设计，分别为遥控行走、检测灭火、信息和表情显示。将这三部分设计成三个函数模块，然后在主循环函数 loop 中按照顺序调用，就构成了程序的主体。

```
void loop( )
{
bluetoothControl();
fireDetectAndFighting();
showMessage();
}
```

系统采用自顶向下的设计思路，接下来分析每个函数模块的设计过程。

1. 遥控行走模块

将第 5 章学习的内容整合成蓝牙遥控行走函数，具体如下：

```
void bluetoothControl()
{
char command = bluetooth.read();
delay(2);
switch(command)
    {
case '0':
    forward();
    break;
case '1':
    backward();
    break;
case '2':
    turnLeft();
    break;
case '3':
    turnRight();
    break;
default:
    break;
    }
}
```

注意，蓝牙行走函数中调用的运动控制函数的定义必须同时写入总的代码里，蓝牙模块的声明和初始化也需要在程序中完成。为了保证机器人行走顺畅，执行一次遥控行走函数的时间不能超过 23ms。

想一想如何保证？

2. 火焰感知和灭火操作模块

火焰感知通过读取 2 个火焰传感器的输入数据来实现。火焰传感器分别连接至 QTSTEAM 控制器的 A1 和 A2 引脚，这是 2 个模拟量的输入口，需要使用 analogRead 函数来读取感知数据。

根据感知数据来决定是否启动电机灭火是这个模块的主要功能，具体代码如下：

```
void fireDetectAndFighting()
{
 int left_Fire = analogRead(LEFT_FIRE_SENSOR);
 int right_Fire = analogRead(RIGHT_FIRE_SENSOR);

 if((left_Fire<60)||(right_Fire<60))                // 发现火焰
 {
    digitalWrite(FAN_MOTOR, HIGH);            // 启动风扇
    delay(100);
 }
 else
    digitalWrite(FAN_MOTOR, LOW); // 关闭风扇
}
```

这里用到了 2 个远红外火焰传感器的引脚号和电机控制引脚号：

```
#define LEFT_FIRE_SENSOR 6          // 左火焰传感器引脚
#define RIGHT_FIRE_SENSOR 7         // 右火焰传感器引脚
#define FAN_MOTOR 3                 // 风扇控制引脚
```

只要有 1 个火焰传感器读回的值小于 60，就认为找到了一个火焰。数据 60 是根据现场的测试而获得的数据。如何根据具体的情况测得这个数据，请大家思考一下。

程序中没有对扑灭的火焰数量进行计数，这个也是留给同学们自己去解决的一个问题。

3. 信息和表情显示模块

用 0 号点阵屏显示灭火数据信息，用 1 号点阵屏显示表情信息，用全彩环形 LED 灯表演庆祝灯光秀。正式比赛时，现场出题主要来自信息和表情显示要求的现场编程制作。

根据扑灭火源的数量显示信息比较简单，只需要在信息和表情显示模块中刷新相应的显示屏即可。但是系统如何在机器人不同状态下显示不同的表情呢？这需要定义一个全局变量来记录机器人的状态。有了这个状态变量，信息和表情显示模块就能够正确显示信息和表情了。注意，在这个模块中不要添加任何延时函数。

这个函数模块留给同学们自己完成。

8.5 项目拓展

除了遥控灭火比赛，还有全自动机器人灭火比赛，该比赛要求机器人自动寻找火源位置并将火焰熄灭。火源可以通过火焰传感器来探测，但以当前的机器人结构，要自动完成各个房间的搜索非常困难。一个可行的思路是给机器人增加传感器，让其可以在工作过程中沿着墙壁行走，从而到达各个房间完成火焰搜索任务。

有兴趣的挑战者可以探索机器人沿墙走的办法，让机器人自动完成灭火任务。

8.6 本章小结

❶ 掌握自顶向下的程序设计思路。

❷ 火焰检测与灭火控制的实现方法。

❸ 直流电机和传感器开关的使用。

❹ 灭火信息与表情显示。

第 9 章 数码管显示机器人状态信息

9.1 LED 数码管介绍

LED 数码管的英文全称为 LED Segment Displays,它是一种半导体发光器件,其基本单元是发光二极管。LED 数码管通过点亮内部发光二极管来显示数字或字符,所以数码管的显示清晰度与 LED 灯的亮度有着密切关系。数码管按段数可分为七段数码管和八段数码管,八段数码管比七段数码管多一个显示小数点的发光二极管单元。本章使用的数码管是八段数码管。八段数码管由 8 个发光二极管封装在一起组成"8"字形,外加一个小数点。八段数码管共引出 8 个引脚和 2 个公共电极,其实物如图 9.1 所示。

图 9.1 八段数码管

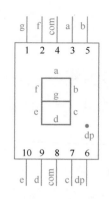

图 9.2　八段数码管的引脚模型

如图 9.2 所示为八段数码管的引脚模型，数码管内的 a、b、c、d、e、f、g、dp 分别与图 9.1 中的 "8" 字形各 LED 灯及小数点 LED 灯相对应。a、b、c、d、e、f、g、dp 和两个 com 引脚是数码管引出的 10 个引脚，其中 a、b、c、d、e、f、g、dp 是控制引脚，两个 com 引脚是数码管公共端。

根据公共端 com 的性质不同又可将 LED 数码管分为共阳极数码管和共阴极数码管两种类型。

共阳极数码管的内部结构如图 9.3 所示，它通过将所有 LED 的阳极连接起来而形成阳极公共端 com。共阳极数码管的电路连接方式是：连接电路时阳极公共端 com 与 +5V 相连，a、b、c、d、e、f、g、dp 引脚分别通过 1kΩ 电阻与 Arduino 控制器的 8 个引脚相连。

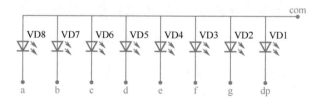

图 9.3　共阳极数码管的内部结构

共阴极数码管则是通过将所有 LED 的阴极连接起来而形成阴极公共端 com，如图 9.4 所示。共阴极数码管的电路连接方式是：连接电路时阴极公共端 com 与地线 GND 相连，a、b、c、d、e、f、g、dp 引脚分别通过 1kΩ 电阻与 Arduino 控制器的 8 个引脚相连。

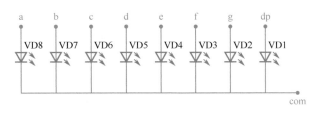

图 9.4　共阴极数码管的内部结构

如果没有说明书，该如何判断一个数码管是共阴极数码管还是共阳极数码管呢？这时可以借助数字万用表。

数字万用表是一种多用途电子测量仪器，一般包含安培计、电压表、欧姆计等功能，其主要功能是对电流、电压和电阻进行测量，精度一般可达小数点后 3 ～ 4 位。

首先找到数码管的公共端 com，数码管的公共端 com 有两个引脚，处在两排引脚各自的中间位置。先把万用表拨到通断挡，再将黑表笔与公共端 com 相连，红表笔与 a、b、c、d、e、f、g、dp 引脚中的任一引脚相连，如果发现数码管内有一个 LED 灯被点亮，则所测的数码管是共阴极数码管。若没有发现数码管内有 LED 灯被点亮，则用红表笔与公共端 com 相连，黑表笔与 a、b、c、d、e、f、g、dp 引脚中的任一引脚相连，如果发现数码管内有一个 LED 灯被点亮，则所测数码管是共阳极数码管。如果在两种测试方式下都没有 LED 灯被点亮，则说明该数码管已不可用。

9.2　数码管电路与 QTSTEAM 控制器的连接

本节采用共阴极数码管进行电路连接。连接前，你需要获得蓝牙遥控表情机器人的电子拓展包。

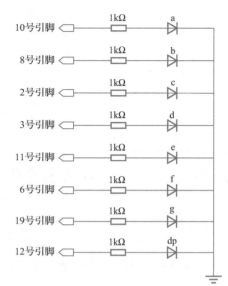

图 9.5　数码管电路连接图

根据如图 9.2 所示的数码管引脚说明，再结合如图 9.5 所示的数码管电路连接图，将数码管公共端与电源地 GND 相连，数码管 a 引脚与 10 号引脚（OUT5）相连，b 引脚与 8 号引脚（OUT6）相连，c 引脚与 2 号引脚（IR）相连，d 引脚与 3 号引脚（T）相连，e 引脚与 11 号引脚（IN1）相连，f 引脚与 6 号引脚（OUT2）相连，g 引脚与 19 号引脚（OUT3）相连，dp 引脚与 12 号引脚（IN2）相连。

如图 9.6 所示为连接好的数码管电路实物图。

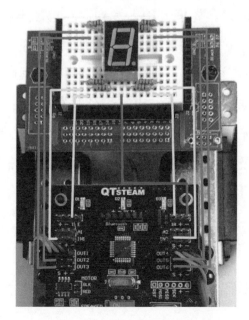

图 9.6　数码管电路连接实物图

9.3 数码管显示数字程序和程序说明

首先来看一下下面的共阴极数码管数字显示程序。

```
void setup()
{
    // 设置 8 个引脚为输出引脚
    pinMode(10,OUTPUT);
    pinMode(11,OUTPUT);
    pinMode(3,OUTPUT);
    pinMode(6,OUTPUT);
    pinMode(19,OUTPUT);
    pinMode(8,OUTPUT);
    pinMode(12,OUTPUT);
    pinMode(2,OUTPUT);
}


// 共阴极数码管显示 0~9 数字的编码
char numberCode[10]={0x3f,0x06,0x5b,0x4f,0x66,
                     0x6d,0x7d,0x07,0x7f,0x6f};
//i 和 j 为循环变量
char IO_pin[8]={12,19,6,11,3,2,8,10};
char i,j;
void loop()
{
```

```
// 在数码管上循环显示数字 0~9
for(i=0;i<10;i++)
{
  // 将显示编码一个一个地赋给连接数码管引脚的 2~9 号引脚
  for(j=0;j<8;j++)
  {
    digitalWrite(IO_pin[j],(numberCode[i]>>j) & 0x01);
  }
// 每个数字显示 1s
delay(1000);
}
}
```

程序说明：

程序首先进入 setup() 函数，设置 2~9 号引脚为输出引脚，再设置存储显示 0~9 数字的编码数组 numberCode[10] 及两个循环变量 i、j。

numberCode 是一个字符型数组，它包含 10 个元素，系统会在内存中划分 10 个连续字节的空间存放这 10 个元素。该数组在定义的同时进行了初始化赋值，赋值完成后数组第 0 个元素为 0x3f，也就是十进制的 63，数组最后一个元素（第 9 个元素）为 0x6f，即十进制的 111。

数组名指代数组中第一个元素的位置，数组中任意一个元素可以通过"数组名 +[下标]"的方式找到，例如要访问 numberCode 中最后一个元素，则可以通过 numberCode[9] 找到它（注意，数组的下标是从 0 开始的，即数组的第一个元素下标为 0）。数组是程序设计中常用的数据结构，其基本定义方式为：

类型名 + 数组名 [元素个数]。数组元素既可以在程序执行过程中被动态赋值，也可以在定义时被赋初值。

在 loop() 函数里有两个 for 循环，第一个 for 循环 for(i=0;i<10;i++) 是将数组 numberCode[10] 中的数字一个个地显示出来，第二个 for 循环 for(j=0;j<8;j++) 是将 numberCode[i] 中的位值逐个赋给数码管各引脚，以控制相应 LED 灯的亮和灭。

在控制数码管各 LED 显示的过程中用到了移位操作，具体语句为

digitalWrite(IO_pin[j],(NumberCode[i]>>j) & 0x01);

其中，numberCode[i]>>j 语句是将 numberCode[i] 中的二进制值向右移 j 位，假设 numberCode[i] 的值为 01111111，右移 4 位后得到的值为 00000111；再和 0x01 进行与操作，00000111 和 0x01 的与操作结果为：00000111 & 0x01 =1；最后移位赋值语句变为 digitalWrite(IO_pin[j],1)，即赋予 IO_pin[j] 号引脚高电平。

在 digitalWrite(x,y) 函数中，x 代表引脚编号，y 代表电平状态。当 y=0 时，赋予 x 号引脚低电平；当 y=1 时，赋予 x 号引脚高电平。

需要说明的是，对于有符号数而言，最高位为符号位，0 表示正数，1 表示负数，在右移过程中符号位不发生变化。

完成移位赋值后，执行 delay(1000) 语句，即每个数字显示 1s。

综上所述，数码管显示数字的原理就是通过点亮数码管上不同位置的 LED 灯来显示不同的数字。数码管 8 个灯的显示状态根据数码管结构的不同（共阴或共阳）由 8 位二进制数（0 或 1）来进行控制。8 个 0 和 1 的组合构成了数码管数字显示编码，设定不同的编码即可控制数码管显示不同的数字。

如表 9.1 所示为共阴极数码管显示编码。对照图 9.2，看看这些编码是不

是能够显示出相应的字符。

表 9.1　共阴极数码管显示编码

显 示 字 符	(dp)gfedcba	十 六 进 制
0	00111111	0x3f
1	00000110	0x06
2	01011011	0x5b
3	01001111	0x4f
4	01100110	0x66
5	01101101	0x6d
6	01111101	0x7d
7	00000111	0x07
8	01111111	0x7f
9	01101111	0x6f

在这里也提供共阳极数码管 0 ～ 9 的显示编码，如下：

```
char numberCode[10]={0xc0,0xf9,0xa4,0xb0,0x99,0x92,0x82,0xf8, 0x80,0x90}
```

如表 9.2 所示为共阳极数码管显示编码，不难看出，共阴极数码管和共阳极数码管的显示编码互为补码。

表 9.2　共阳极数码管显示编码

显 示 字 符	(dp)gfedcba	十 六 进 制
0	11000000	0xc0
1	11111001	0xf9
2	10100100	0xa4

续表

显 示 字 符	(dp)gfedcba	十 六 进 制
3	10110000	0xb0
4	10011001	0x99
5	10010010	0x92
6	10000010	0x82
7	11111000	0xf8
8	10000000	0x80
9	10010000	0x90

 9.4　数码管显示蓝牙遥控指令和编码

　　由数码管显示编码可以很容易地联想到手机蓝牙 APP 按键控制码，所不同的是蓝牙控制码包含 A ～ H。不难发现，我们同样可以利用数码管显示英文字符。可以根据图 9.2 确定共阴极数码管显示 A ～ H 的字符控制编码，如表 9.3 所示。

表 9.3　共阴极数码管字母显示编码

显 示 字 符	(dp)gfedcba	十 六 进 制
A	11110111	0xf7
B	11111111	0xff
C	10111001	0xb9
D	10111111	0xbf

续表

显 示 字 符	(dp)gfedcba	十 六 进 制
E	11111001	0xf9
F	11110001	0xf1
G	11111101	0xfd
H	11110110	0xf6

根据表 9.3 给出的显示编码，在图 9.6 所示的机器人结构基础上连接蓝牙模块，下面的程序就是让机器人告诉我们它收到了什么信息。程序代码如下：

```
#include <SoftwareSerial.h>
SoftwareSerial BlueTooth(0, 1);
// 共阴极数码管 0 ～ 3 及 A ～ H 字符显示编码
char characterCode[12]={0x3f,0x06,0x5b,0x4f,0x77,
                        0x7c,0x39,0x5E,0x79,0x71,0x66,0x6D;
//IO_pin 数组保存各控制引脚，有利于程序控制
char IO_pin[8]={12,19,6,11,3,2,8,10};

/* 系统初始化函数 */
void setup()
{
  BlueTooth.begin(9600);              // 蓝牙发送波特率
  for(int i = 0; i < 8; i++)
  {
    pinMode(IO_pin[i], OUTPUT);       // 各控制引脚设置为输出模式
  }
}
```

```
/* 字符显示控制函数 */
void showCode(char code)
{
 if(code >= '0' && code <= '3')
 {
   for(int i=0;i<8;i++)
   {

    digitalWrite(IO_pin[i],(numberCode[code - '0']>>i) & 0x01);
   }
 }
 else if (code >= 'A' && code <= 'H')
 {
   for(int i=0;i<8;i++)
   {

    digitalWrite(IO_pin[i],(numberCode[code - 'A'+ 4]>>i) & 0x01);
   }
 }
 else
 {
  digitalWrite(IO_pin[0], HIGH);
 }
}
```

```
/* 循环控制函数 */
void loop()
{
  char code=BlueTooth.read();              // 读取蓝牙接收码值（ASCII 码）
  showCode(code);
}
```

9.5 拓展学习：多位数码管

一位数码管只能显示一位数据，往往不足以完整表达设备状态信息，如空调温度、电子钟时间、热水器状态等信息都无法通过一位数据来进行概括，所以在系统设计过程中一般使用多位数码管来进行数据显示。如图 9.7 所示为四位数码管实物图。

图 9.7　四位数码管

多位数码管实际上就是由多个一位数码管共用控制端 a ～ h，各位数码管公共端独立。四位共阴极数码管的引脚结构如图 9.8 所示。

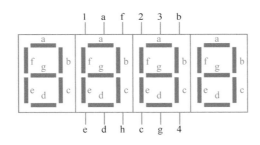

图 9.8 四位共阴极数码管的引脚结构

在图 9.8 中，数字 1 ～ 4 分别为四个一位数码管的公共端，若公共端接低电平（共阳极数码管则接高电平），则对应位置的数码管可以正常显示；若公共端接高电平（共阳极数码管则接低电平），则表示对应位置的数码管被禁用。不难发现，同一时间启用的数码管其显示内容都是相同的，那么多位数据显示是如何实现的呢？这里实际上使用的是一种分时复用方法，某位数码管显示的同时其他数码管被禁用，当切换速度足够快时，我们视觉看到的效果就是多位数据同时显示。

请根据四位共阴极数码管工作特性自行设计一个字符信息显示系统。

9.6 本章小结

❶ 数码管的结构和电气特性。

❷ 数码管显示编码和数组的使用。

❸ 移位和布尔运算。

❹ 数码管显示和蓝牙遥控机器人的整合。

第 10 章　带智能菜单的机器人

　　智能产品的功能往往复杂多样，产品的人机交互界面设计就显得尤为重要，而产品的显示界面和功能往往有限，这就要求我们针对不同应用环境采用不同的显示策略。接下来我们将考虑一种显示界面有限而功能选项较多的应用环境，通过小巧的液晶显示模块（LCD1602）和旋钮式编码器解决复杂菜单的选择问题。

　　本章我们需要用到表 10.1 所示的器件。

表 10.1　带智能菜单的机器人所需器件

器 件 名 称	数　量
QTSTEAM 控制器	1 块
旋钮式编码器	1 个
LCD1602 液晶屏	1 块
杜邦线	若干

10.1　编码器应用

　　编码器是一种能将角位移量转换为电信号的精密设备。如图 10.1 所示的旋钮式编码器，它可以正反方向无限旋转，将用户旋转角位移信息通过电信号传递给单片机处理。

图 10.1　旋钮式编码器

如图 10.2 所示为旋钮式编码器内部结构等效图，A（CLK）、B（DT）两个独立的输出实际上是两个触点，在转盘旋转的过程中，与公共端 C 接触时输出低电平，一旦脱离公共端，则输出高电平。因为具体结构的关系，使得 A、B 的输出规律和转盘的运动方向有着紧密联系。

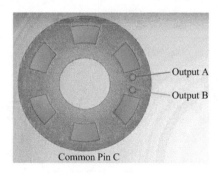

图 10.2　旋钮式编码器内部结构等效图

由图 10.2 可以看出，当旋转转盘时，A、B 触点会先后输出不同的电平，这里我们以顺时针旋转为例来说明其工作原理。

当转盘顺时针方向转动时，A、B 端输出信号的变化情况如图 10.3 所示。

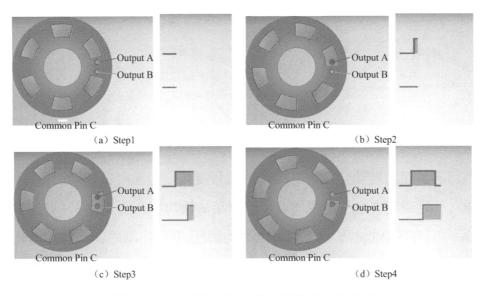

（a）Step1　（b）Step2

（c）Step3　（d）Step4

图 10.3　顺时针旋转时输出信号的变化情况

由此可以总结出信号的输出规律，当顺时针旋转时，信号的输出规律如图 10.4 所示。

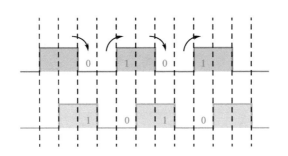

图 10.4　顺时针旋转时信号的输出规律

同理，逆时针旋转时信号的输出规律如图 10.5 所示。

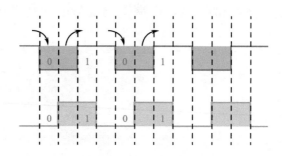

图 10.5　逆时针旋转时信号的输出规律

　　编码器旋钮的转动会导致有规律的信号变化。当顺时针转动时，A 输出端在由低电平跳变到高电平的瞬间，B 输出端的输出状态为低电平；当逆时针转动时，A 输出端在由低电平跳变到高电平的瞬间，B 输出端的输出状态为高电平，利用这个规律，我们可以编写测试程序来判断编码器的转向。

　　首先将旋钮式编码器接至 QTSTEAM 控制器，引脚接线说明如表 10.2 所示，实物接线如图 10.6 所示。

表 10.2　旋钮式编码器与 QTSTEAM 控制器的引脚接线说明

旋钮式编码器	QTSTEAM 控制器
+	5V
GND	GND
CLK	3
DT	4

图 10.6　编码器实物接线图

具体的测试程序如下：

```
int encoderPinA = 3;       //CLK 接 QTSTEAM 控制器的 T 端口
int encoderPinB = 4;       //DT 接 QTSTEAM 控制器的 E 端口
int lastPinA = LOW;        //A 输出端上一次检测状态
int encoderPos=0;          // 编码器当前位置
// 逆时针旋转时，数据增加；顺时针旋转时，数据减小
void setup()
{
  pinMode (encoderPinA,INPUT);
```

```
    pinMode (encoderPinB,INPUT);
    Serial.begin (9600);
  }


  void loop()
  {
    byte currentState = digitalRead(encoderPinA);
    if ((lastPinA == LOW) && (currentState == HIGH))
    {
      if (digitalRead(encoderPinB) == LOW)
      {
        encoderPos--;                // 顺时针旋转
      }
      else
      {
        encoderPos++;                // 逆时针旋转
      }
      Serial.print (encoderPos);
      Serial.print ("/");
    }
    lastPinA = currentState;
  }
```

　　程序思路是：在 A 端口由低电平跳变到高电平的瞬间，读取 B 端口的输出值。如果输出为低电平，则表示是顺时针旋转，输出值减小，反之则表示是逆时针旋转，输出值增大。

10.2 LCD1602 液晶屏的使用

　　LCD1602 是一种字符型液晶屏，其实物如图 10.7 所示，它是专门用来显示字母、数字、符号等信息的点阵型液晶模块。LCD1602 液晶屏显示的内容为 16×2，即可显示两行，每行 16 个字符。

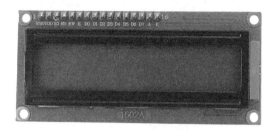

图 10.7　LCD1602 液晶屏

　　LCD1602 模块有 16 个引脚，我们选择的数据发送方式为一次发送 4 位数据，数据引脚只用到了 D4 ～ D7，具体的引脚接线方式如表 10.3 所示，实物连接如图 10.8 所示。

表 10.3　LCD1602 液晶屏引脚接线方式

液　晶　屏	QTSTEAM 控制器	液　晶　屏	QTSTEAM 控制器
VSS	GND	D4	6
VDD	5V	D5	10
V0	2 ～ 4kΩ电阻并接地	D6	8
RS	12	D7	19
RW	GND	A	5V
E	11	K	GND

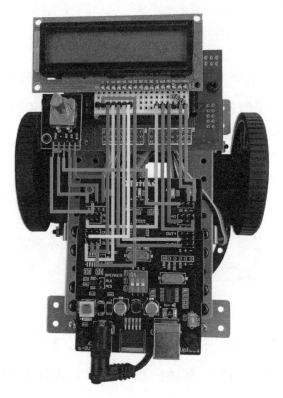

图 10.8　LCD1602 液晶屏实物接线图

　　通过引用第三方封装的类库，可以极大地减轻编程的工作量。库文件的使用方法很简单，首先创建一个 LiquidCrystal 类对象，创建方式为："LiquidCrystal lcd(12,11,6,10,8,19);"，其中各参数的作用为：12 号端口连接数据/命令选择端（RS），11 号端口连接使能端（E），其余 4 个为数据端（D4 ～ D7）。常用的成员函数有 lcd.print()、lcd.clear()、lcd.begin()、lcd.backlight()、lcd.setCursor()（均为 LiquidCrystal 类成员函数，使用方法为：对象名 lcd ＋ 点号 ＋ 函数），上述函数的功能分别是显示内容（字符串和变量数据均可）、清空显示屏、LCD 初始化、开启 LCD 背光灯及设置显示光标。

具体的测试程序如下：

```
#include <LiquidCrystal.h>
LiquidCrystal lcd(12,11,6,10,8,19);
// 构造一个 LiquidCrystal 的类成员，使用数字 I/O 端口12、11、6、10、8 和 19
void setup()
{
    lcd.begin(16,2);              // 初始化 LCD1602
    lcd.print("Welcome to use!");  // 液晶屏显示"Welcome to use!"
    delay(1000);                  // 延时 1000ms
    lcd.clear();                  // 清空显示屏
}
void loop()
{
    lcd.setCursor(0,0);           // 设置液晶屏开始显示的指针位置
    lcd.print("Welcome to");       // 液晶屏显示"Welcome to"
    lcd.setCursor(0,1);           // 设置液晶屏开始显示的指针位置
    lcd.print("QTSTEAM");          // 液晶屏显示"QTSTEAM"
    delay(1000);                  // 延时 1000ms
}
```

通过第三方封装的类库，可以很方便地在液晶屏上显示任何信息，自己动手试试更多有趣的显示吧！

10.3 多功能菜单选择系统

前两节我们分别学习了编码器和 LCD 显示技术，接下来我们将利用这两

部分内容设计一个多功能菜单选择系统，利用旋钮进行菜单选择，当机器人收到菜单命令后会完成相应的任务。

多功能菜单选择系统的整体接线如图 10.9 所示。

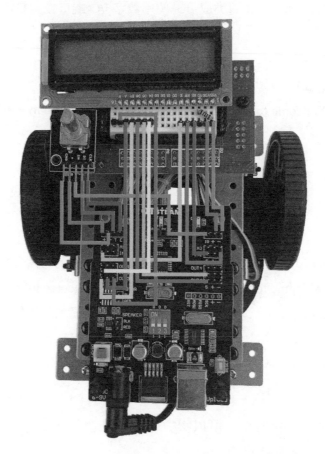

图 10.9　多功能菜单选择系统整体接线图

当转动编码器旋钮时，液晶屏显示内容将发生相应的变化，此时我们看到的第一行内容即为当前选择项，如果此时按下编码器按钮，机器人将执行液晶屏显示功能对应的任务。

具体的程序代码如下：

```
#include <LiquidCrystal.h>
#include  <String.h>


LiquidCrystal lcd(12,11,6,10,8,19);
// 构造一个 LiquidCrystal 的类成员
// 使用数字 I/O:12,11,6,10,8,19
enum COMMAND{FORWARD, BACKWARD, TURNLEFT, TURNRIGHT,
TURNBACK}
command = FORWARD; // 枚举类型，变量 command 只能取枚举的任意值
String screenTips[5]= {"Forward","Backward","Turn left","Turn right","Turn Back"};
// 屏幕显示内容，创建了多个 String 类对象，分别指示 command 的对应功能


int sw=2;
int encoderPinA = 3;        //CLK 接 QTSTEAM 控制器 T 端口
int encoderPinB = 4;        //DT 接 QTSTEAM 控制器 E 端口
int lastPinA = LOW;         //A 输出端上一次检测状态
int encoderPos=0;           // 编码器当前位置


int LEFT_MOTOR=5;
int RIGHT_MOTOR=9;


void setup()
{
    lcd.begin(16,2);        // 初始化 LCD1602
```

```
    lcd.print("Hello!");            // 液晶显示 Hello
    delay(1000);                    // 延时 1000ms
    lcd.clear();                    // 液晶清屏

    lcd.setCursor(0,0);             // 设置液晶开始显示的指针位置
    lcd.print("Welcome to");        // 液晶显示"Welcome to"
    lcd.setCursor(0,1);             // 设置液晶开始显示的指针位置
    lcd.print("QTSTEAM");           // 液晶显示"QTSTEAM"
    delay(1000);                    // 延时 1000ms

    Display(command,false);         // 显示初始菜单

    pinMode (sw,INPUT);
    pinMode (encoderPinA,INPUT);
    pinMode (encoderPinB,INPUT);

    pinMode (LEFT_MOTOR,OUTPUT);
    pinMode (RIGHT_MOTOR,OUTPUT);
}

void Move(int LP,int RP,int steps)
{
    for(int i=0;i<steps;i++)
    {
        digitalWrite(LEFT_MOTOR,HIGH);
```

```
        delayMicroseconds(LP);
        digitalWrite(LEFT_MOTOR,LOW);
        digitalWrite(RIGHT_MOTOR,HIGH);
        delayMicroseconds(RP);
        digitalWrite(RIGHT_MOTOR,LOW);
        delay(20);
    //  lightflow(20);
    }
}
```

/** 程序名：executeCommand

* 功能：机器人根据 command 命令码完成相应动作

* 参数：command，编码器选择的命令码

**/

```
void executeCommand(int command)
{
  int LeftP,RightP;

  switch(command)
    {
      case FORWARD:
        LeftP=1700;
        RightP=1300;
        Move(LeftP,RightP,10);
        break;
```

```
        case BACKWARD:
          LeftP=1300;
          RightP=1700;
          Move(LeftP,RightP,10);
          break;
        case TURNLEFT:
          LeftP=1300;
          RightP=1300;
          Move(LeftP,RightP,10);
          break;
        case TURNRIGHT:
          LeftP=1700;
          RightP=1700;
          Move(LeftP,RightP,10);
          break;
        case TURNBACK:
          //turnBack();
            break;
            default:    break;
        }
    }
```

/* 函数名：Display，注意与系统函数 display 区分 * 功能：显示当前命令码选择状态

* 参数：command，当前所选命令码 , isClockwise，判断编码器是否为顺时针旋转 */

```
void Display(int command, bool isClockwise)
{
    lcd.clear();                    // 液晶清屏

    if(isClockwise == true)         // 逆时针旋转时首行显示选择项
    {
        lcd.setCursor(0,0);
        lcd.print("->"+screenTips[command]);

        lcd.setCursor(0,1);
        if(command>=4)
            lcd.print("->"+screenTips[0]);
        else
            lcd.print("->"+screenTips[command+1]);
    }
    else
    {
        lcd.setCursor(0,0);
        if(command<=0)
            lcd.print("<-"+screenTips[4]);
        else
            lcd.print("<-"+screenTips[command-1]);

        lcd.setCursor(0,1);
```

```
                    lcd.print("<-"+screenTips[command]);
        }
    }

void loop()
{
    byte currentState =  digitalRead(encoderPinA);
    // executeCommand(command);
     if ((lastPinA == LOW) && (currentState == HIGH))
     {
         if(digitalRead(encoderPinB) == LOW)
    // 编码器顺时针旋转
         {
             if(command > FORWARD)
                 command =(enum COMMAND) (command-1);
             else
                 command = TURNBACK;

             Display(command, true);
         }
         else // 编码器逆时针旋转
         {
             if(command < TURNBACK)
                 command= (enum COMMAND)(command + 1);
             else
```

```
                    command = FORWARD;

              Display(command,false);
          }
      }

    if(digitalRead(sw)==0)
        executeCommand(command); // 编码器按钮被按下
    lastPinA = currentState;
}
```

上述程序中用到了枚举类型，该数据类型的基本定义方式为："enum"+ "类型名（程序中为 COMMAND）"+"｛一到多个标识名（程序中为 FORWARD、BACKWARD、TURNLEFT 等，标识名中间用逗号隔开）｝"。枚举类型变量定义可以在类型声明后定义，如程序中的 command 变量，也可以在程序中定义。枚举类型只能以类型声明中的枚举元素来进行赋值，程序执行过程中，FORWARD 值即为 0（枚举类型默认第一个元素值为 0），后续元素的值依次增加。如果某一元素有赋值，则前面元素不受影响，后续元素依次增加。在使用过程中，枚举元素可以直接转换为整型数使用。

程序中 String 类的作用是可以更好地操作字符串，对 String 类对象进行赋值和修改时都更加便捷，输出显示时 String 类对象可以当作一般字符串使用。将程序上传到机器人，我们会发现，通过编码器选择，机器人可以根据我们预先设定的选项完成任务。如果机器人功能更强大，它将可以帮我们完成更多的工作。利用编码器和 LCD 显示屏我们还可以制作出更多的交互系统，发挥创造力去设计出更多交互式实用系统吧！

10.4 本章小结

❶ 旋钮式编码器工作原理。

❷ LCD1602 液晶屏的应用。

❸ 多功能菜单系统选择策略及实现。

❹ 枚举数据类型和字符串类的使用。

附录 A 本书各章节中配件介绍

表 A.1 Arduino 机器人零配件清单

零配件名称	型号/规格	物品属性	数　量
伺服舵机	QTSTEAM DM-S3003 ANALOG SERVO	主机组件	2
扬声器	8Ω 2W 直径 40mm 线长 20cm 带端子头 2P	主机组件	1
杜邦线	4P 杜邦线 L=30cm 两端 1P 头	主机组件	3
LED 灯板套件	环型 LED 灯板 +3PIN 杜邦线	主机组件	1
主板	QTSTEAM 主板 黑色（单直流电机）Ver_1.0	主机组件	1
电子模块	MAX7219 电子模块	主机组件	2
连接件	L 型 1×1 金色	主机组件	4
连接件	L 型 2×2 电镀金色	主机组件	4
钢珠	ϕ15 精密光面	主机组件	1
板件	板件 2×10 电镀金色	主机组件	2
板件	板件 2×11 电镀金色	主机组件	2
开槽杆件	开槽杆件 电镀金色	主机组件	4
垫圈筒	垫圈筒 M5H5	主机组件	6
插销式铆钉	插销式铆钉 R3035	主机组件	18
螺钉	十字沉头 M3×10（黑色尼龙）	主机组件	8
螺钉	十字圆头 M3×6（黑色尼龙）	主机组件	26

零配件名称	型号/规格	物品属性	数 量
螺钉	车轮固定螺钉	主机组件	2
螺钉	十字圆头 M3×20 不锈钢 304	主机组件	2
六角螺母	六角螺母 M3（透明）	主机组件	22
六角螺母	六角螺母 M3 不锈钢 304	主机组件	2
六角螺柱	单通 M3×12+6（黑色尼龙）	主机组件	2
六角螺柱	单通 M3×15+6（黑色尼龙）	主机组件	6
六角螺柱	双通 M3×30（黑色尼龙）	主机组件	4
电池盒	电池盒	主机组件	1
扩展盖板	扩展盖板	主机组件	1
喇叭前扣件	喇叭前扣件	主机组件	1
喇叭后扣件	喇叭后扣件	主机组件	1
车轮	QTSTEAM 车轮 70×10mm	主机组件	2
牛眼轮外壳	牛眼轮外壳 塑胶 火花纹	主机组件	2
点阵屏	8×8 点阵屏	主机组件	2
QC 标	QC 合格标	主机组件	1
扎带	扎带 3×150mm	主机组件	3

表 A.2　第 8 章遥控机器人灭火竞赛配件清单

零配件名称	型号/规格	用　途	数　量
蓝牙接收模块	CC2541 蓝牙模块	手机蓝牙信息接收	1 个
远红外火焰传感器	DM-FIR-FS-MB	火焰感知	1 个
电机	180 直流电机轴：直径 2.0mm，电机：厚 15mm	驱动灭火风扇	1 个
螺旋桨	两叶螺旋桨 2×75mm 塑料	风扇叶	1 个
USB 下载线	USB AM TO USB BM 2725 28# 1P+24#*2C+AL+D+B64/0.1TCCS OD4.0 L=1500mm 黑色	下载程序	1 条
六角螺柱	单通 M3×15+6（黑色尼龙）	灭火风扇支架	4 根
六角螺柱	双通 M3×35（黑色尼龙）	灭火风扇支架	2 根
开槽杆件	开槽杆件 金色	风扇电机的固定	2 个
螺钉	十字圆头 M3×6（黑色尼龙）	风扇支架的固定	4 个

表 A.3　第 9 章数码管显示机器人状态信息配件清单

零配件名称	型号/规格	用　途	数　量
1 位共阴极数码管	1 位共阴极数码管	数字显示	1 个
蓝牙接收模块	CC2541 蓝牙模块	手机蓝牙信息接收	1 个
1kΩ 电阻	DIP 1k +/−1% 1/4W	数码管限流	8 个
杜邦线	4P 杜邦线 L=25cm 一端 1P 母头，一端公头	连接数码管	若干
USB 下载线	USB AM TO USB BM 2725 28# 1P+24#*2C+AL+D+B64/0.1TCCS OD4.0 L=1500mm 黑色	下载程序	1 条
面包板		元件的固定与连接	1 块

表 A.4　第 10 章带智能菜单的机器人配件清单

零配件名称	型号/规格	用　途	数　量
旋钮式编码器	旋钮式编码器	电信号的转换	1 个
液晶显示模块	C1602-17（C51 板，BASIC 板，Arduino 板配用）	信息显示	1 块
2kΩ 电阻	DIP 2k+/-1% 1/4W	液晶屏限流	1 个
杜邦线	4P 杜邦线 L=25cm 一端 1P 母头，一端公头	连接液晶显示屏	若干
USB 下载线	USB AM TO USB BM 2725 28# 1P+24#*2C+AL+D+B64/0.1TCCS OD4.0 L=1500mm 黑色	下载程序	1 条
面包板		元件的固定与连接	1 块

附录 **B** 中国教育机器人大赛介绍

大赛主题

教育机器人与 STEAM 教学的融合

大赛宗旨

推动教育机器人进课堂,促进机器人辅助工程创新时间教育的普及和实施。

大赛目标

借助教育机器人平台,检验学生多元知识学习和综合实践项目的互相促进效果,展示自主科创成果,弘扬科创文化,激发青少年科创的热情,为培养更多的人工智能科创型人才打下坚实的基础。

参赛对象

普通中学、中职、高职和大学在读学生

赛项设置

设 3 个组别:中学中职组、大专高职组、大学本科组,具体比赛项目包括:

1)机器人游中国　　　　　　(中学中职组)

2)智能搬运　　　　　　　　(中学中职组,大学和高职组)

3)机器人擂台赛　　　　　　(中学中职组,大学和高职组)

4)自动灭火　　　　　　　　(中学中职组)

5)激情飞越 – 无人机任务赛　(中学中职组、大学高职组)

6）机器人（高铁）游中国　　　（大学和高职）

7）灭火与救援　　　　　　　　（大学和高职）

8）搬运码垛　　　　　　　　　（大学和高职）

9）小型物流机器人大赛　　　　（大学和高职）

10）小型室内服务机器人　　　（大学和高职）

11）资源争夺　　　　　　　　（大学和高职）

12）智能物流系统　　　　　　（中学中职组、大学高职组）

13）群机器人协作和舞蹈　　　（大学和高职）

14）机器人创意设计与制作　　（中学中职组、大学高职组）

参赛流程

官网报名→资格审核→注册报到→赛前调试→正式比赛。

奖项设置

设特等奖、一等奖、二等奖。分区赛获奖比例为 40%，总决赛获奖比例为 40%，另设特殊奖项用于鼓励参赛队伍、参赛人员。获奖证书由中国人工智能学会指导委员会审核确认后盖章生效。

管理团队

主办单位：中国人工智能学会

承办单位：中国人工智能学会智能机器人专业委员会　全童科教（东莞）有限公司

专家委员会：

主任：付宜利　　副主任：陈卫东　　秘书长：秦志强

委员：李泽湘　黄心汉　刘　宏　马宏绪　张文锦　周献中　闵华清
　　　张　华　何汉武　侯媛彬